井口嘉則 著
林詠純 譯
飛高翔 畫

マンガでやさしくわかる事業計画書

超創業計畫書

Free Download

本書檢附三種表格供讀者下載。在實際構思、撰寫事業計畫書時將很有幫助。Step 6更是在事業收支計畫表格的基礎上進行解說，請善加利用。

■下載網址■

https://goo.gl/KTYQZo

●創意紀錄表.doc（Microsoft Word 97-2003）

●事業收支計畫表.xlsx（Microsoft Office Excel 2007）

●事業計畫書範本.pptx（Microsoft Office PowerPoint 2007）

（※下載表格的著作權歸作者所有，僅限個人使用，不得用於商業行為。
※下載表格僅供參考。風險及盈虧自負，作者與出版社不負任何責任。）

前言

距離前一本著作《第一次就上手的事業計畫書製作方式》（日本能率協會經營中心出版）出版至今大約三年半，那本著作因為收錄了事業計畫書的製作範例集、以及寫作實例等，而有幸獲得好評。我自己也在新事業的講座上介紹了這本書，並且在以企業為對象的新事業工作坊中，使用本書做為教科書。

另一方面，這段期間我也在大學執起教鞭，進而得知最近大學與企業之間的合作關係加深，大學生開始向特定企業提出商品創意案、或是事業想法的建議等。我在聽他們報告提案內容時，常會忍不住想要給他們許多建議，譬如：「應該再多往這個方向思考」或「從這個觀點來探討應該會更好」等等。我雖然試著介紹他們閱讀前一本著作，但同時也覺得應該有一本寫得更清楚易懂的書給大學生閱讀。

出版社剛好在這個時候前來邀稿，他們問我「想不想試著用漫畫，來說明事業計畫書的製作方式呢？」我知道最近的書籍很流行用漫畫的形式，將知識說明得清楚易懂，所以聽到這個提案，立刻覺得「嗯，把製作事業計畫書的流程畫成漫畫，應該很有趣」。於是，我開始著手策畫這本書。我透過與編輯、漫畫家的反覆討論，決定主角的身分，設定背景、提供的商品與服務、故事的架構等等，終於將本書完成。

我希望各位讀者在理解、製作事業計畫書流程的同時，也能享受這個充滿主角歡笑與淚水的故事。

事實上，我透過工作坊等活動，指導各位初學者擬定營運計畫的過程，也與本書的故事類似。首先從提出想法開始，接著豐富想法的內容、進行調查，讓想法變得愈來愈具體。接下來再將營收與獲利等數字製作成事業收支計畫表的形式，最後整理成事業計畫書發表。

這個流程如果舉例來說，就像爬一座高山，是一條漫漫長路。拿著本書孤軍奮戰的人當中，有些人或許因為過於辛苦而在中途放棄。但是，那些經過鍥而不捨的努力，最後抵達終點的人，將能在那裡找到莫大的成就感。他們說不定會在那裡遇到人生的一大轉機。而翻轉人生的機會，就隱藏在營運計畫的製作中。

打算在老家酒坊開展新事業的主角花垣碧也一樣。碧儘管粗枝大葉，卻有著比別人多一倍的熱情。她接受偶然認識的小篠的嚴格特訓，中途雖然也曾灰心喪志，但她想盡辦法咬牙苦撐，最後終於完成了事業計畫書。

拿起這本書的讀者，心裡或許想著「我想試著把自己的商品創意具體化」、「我想試著製作一份營運計畫」、「我必須製作一份事業計畫書，有沒有初學者也看得懂的教學呢？」等等。這麼想的讀者，首先請先讀一遍碧的案例，也就是漫畫的部分吧！這麼一來，就能知道整體流程。接下來就換你當主角，親身經歷這個故事。我想，你一定可以和碧一樣，得到歡笑淚水交織的體驗。

各位有時候，或許也想要有一個像小篠一樣的對象可以商量。這種時候，不妨也找一個人來談談吧，或者試著和親近的人討論。對方也許不像小篠那樣經驗豐富，但絕對比自己一個人埋頭苦思來得好。

現在的日本，雖然有著經濟成熟化、高齡少子化、環境災害、領土問題等各式各樣的煩惱，但無論什麼時代，機會的大門總是為有理想的人而敞開。爬上製作營運計畫的這座高山，或許新的世界就會呈現在你眼前。就請各位試著努力攻頂吧！

井口嘉則

目次

序章
什麼是事業計畫書？

STORY 0 碧，回到故鄉 13
01 為什麼要做事業計畫書？ 24
02 製作事業計畫書的七個步驟 27
03 掌握事業計畫書的全貌 32

STEP 1

提出創意、讓想法變豐富

STORY 1 開始斯巴達課程!? 35

01 最初都是從一句話開始 52

02 強迫自己想出創意的方法 56

03 評價創意的要點是什麼？ 60

STEP 2

釐清新事業的理由和方向

STORY 2 把理想具體化 63

01 確立提案背景 82

02 為什麼自己要做這項事業？ 85

03 確立事業概念 88

04 建立商業模式 91
05 決定事業理念與事業願景 93

STEP 3

檢證商品與服務

STORY 3 要賣什麼商品，要賣給誰？ 97
01 決定目標客群 110
02 分析事業的外部狀況 113
03 找出真正的需求 116
04 過濾出對手、進行比較 118
05 收集資訊與進行調查 120
06 假說的檢證與進化 122
column 風險與不安心理 124

STEP 4
用故事與模型磨出商品與服務

STORY 4 編織出顧客的故事 125

01 撰寫願景故事 142
02 撰寫人物側寫 148
03 描繪出顧客從注意商品到購買的流程 150
04 畫出工作夥伴的業務流程 152
column 向公司說明新事業必要性時應採取的觀點 154

STEP 5
構築一條暢銷通路

STORY 5 擬訂行銷計畫 155

01 準備好具體的商品與服務 168
02 決定價格 171

03 確保通路的順暢與平衡 173
04 思考廣告與宣傳手法 176
05 事業化的方法與步驟 178
column 其他行銷上的注意事項 180

STEP 6 製作事業收支計畫表

STORY 6 資金不足!! 181
01 讓收支內容一目了然 198
02 必要的費用是那些？ 199
03 計算折舊費用 202
04 試算多久可以回本 204
05 事業收支計畫表的構成要素 205
06 資金的周轉 206
07 投資與投資回收計算 208
08 將時間價值也考慮進去的投資回收計算 210

09 製作事業收支計畫表①使用方式 212
10 製作事業收支計畫表②投資回收計算的預設條件 213
11 製作事業收支計畫表③事業收支計算的預設條件 214
12 製作事業收支計畫表④完成事業收支計畫表 216

STEP 7 擬定行動計畫

STORY 7 真正的支持者是…… 225
01 擬定運作體制與人員計畫 240
02 什麼會是潛在的風險？ 241
03 檢查事業是否順利進行 243

終章

整理出事業計畫書

STORY 8 新酒熟成時再相會 245

01 整理的訣竅與要點 254

02 重新檢視整體結構 261

附錄：事業計畫書範本 263

什麼是事業計畫書？

STORY 0 碧，回到故鄉

STORY 0
碧，回到故鄉

我是花垣碧

是這所「惠那酒造」的長女

我因為父親驟逝，而辭掉原本在食品公司的工作

下定決心回到故鄉

經營狀況陷入危機

我覺得光靠釀酒販賣的商業模式，無法永遠持續下去

唔～

唔～

當地的商店街也變得寂寥

前來參加葬禮的客戶們，也跟我說景氣不好

沒錯！
我在想，用日本酒精華
製作保養品應該不錯吧？

大家不是從以前就說
「釀酒師傅的手很細
緻」嗎？
我剛去東京的時候，
朋友也稱讚我
「皮膚光滑細緻」呢！

女性對
皮膚很敏感
這樣的商品
一定會大賣！

喵～

我雖然覺得
妳的想法很棒⋯
但妳爸爸也沒有
做過這樣的事啊⋯

小碧
這麼天真的想法，
不可能順利的

有時間說這些有的沒的
還不如多跑幾個客戶推銷
妳以前不是待在什麼
行銷部門之類的嗎
應該很擅長跑客戶吧
是啊
碧
與其說那些有的沒的
還不如來幫我貼標籤

はくたけ
那可是日本酒精華的
保養品喔，
現在不是很流行
逆齡抗老嗎！
女性一定會掏錢
買保養品的
絕對能暢銷啊！
碰

但是，他們連聽聽我的想法都不願意
大家的腦袋都太不知變通了！
碰
咦？你說什麼

妳這樣做不可能成功的

我說，妳這樣做不可能成功的
那個要賣多少錢？

啊？你說什麼？
誰啊？
所以我在問，妳想的那個商品打算賣多少錢？

喔喔，這個嘛大約1000日圓吧
不，如果是想要的人，說不定2000日圓也願意買

那麼，那個商品要賣給誰？
女性啊
當然是女性
啊，不過賣給有肌膚問題的男性說不定也不錯～
呵－
住在哪裡的女性？什麼樣的女性？
全日本的女性啊！
不過國外的女性也不錯，「日本酒精華」什麼的，聽起來也很吸引人
那麼，妳要怎麼賣給這些人？
現在這個時代，當然是在網路上賣啊
那麼，妳的那個商品要在哪個網站賣？
而且要怎樣讓人知道呢？
說不定現在已經有這種產品了？
大家不都是這樣賣的嗎？
這…
行不通啦
這麼天真的想法，不可能把商品賣出去

妳竟然敢說
這是復興酒坊的
新事業
不要笑死人了

……
這樣的話

請你
告訴我
順利
發展事業的
方法！

如果
妳是認真的話
當然！
我是認真的

啪

首先，
如果想要開展新事業
必須製作事業計畫書，
也就是所謂的
營運計畫
窸窣窸窣
開展新事業是
很複雜的一件事，
不是只把商品
做出來賣就好
還需要考慮到進貨、
投資機械設備等等，
這麼一來就需要資本，
如果只用自己的存款那還好，
如果需要更多的錢，
就必須向銀行貸款，
或是請贊助者出資

跟別人借錢，
空口說白話是不行的，
必須要有紙本為憑
那就是
事業計畫書
懂了嗎？
瞪—
嚇
…只有這樣的話
勉勉強強

製作事業計畫書需要七個步驟

完成這七個步驟才初步算得上是可以召集贊助人的事業計畫書

①提出創意、讓想法變豐富
②釐清新事業的理由和方向
③商品與服務具體化
④用故事和模型磨出商品與服務
⑤構築一條暢銷通路（行銷）
⑥製作事業收支計畫表
⑦擬定行動計畫

窣

……我懂了，但是該怎麼做呢……

妳想知道？

……是的

我知道妳的決心了，妳是認真的話，我明天就到妳家幫妳上課
妳家是那座酒坊吧？
是的，但是明天我媽也在家喔
妳媽在家不好嗎？
嗯？
也沒有，只是她反對我的提案…
正因為她反對，才更要請她聽聽看不是嗎？

01 為什麼要做事業計畫書？

為什麼只靠靈光一現的點子行不通呢？

▼事業的進行方式要清楚寫成書面

好不容易想出的計畫卻遭到反對，正萌生放棄念頭的碧，結果在居酒屋遇到一名來歷不明的人士，向她說明「事業計畫書」的必要性……。

話說回來，事業企畫書到底是什麼呢？

所謂的事業計畫書，簡單來說，就是用書面方式呈現的事業執行計畫，也稱為營運計畫（business plan）。事業計畫書、營運計畫這兩種都是常用的說法，可以用來表示新事業的事業計畫，也可以用來表示既存事業（現有的事業，也就是故事中的釀酒事業）的新事業計畫。在這本書當中，如果沒有特別說明，指的就是新事業的事業計畫書。

▼撰寫事業計畫書將想法具體化

那麼，為什麼新事業需要事業計畫書呢？

理由大致有二。

第一，事業的提案者（這裡指的是主角碧）或推動者，都需要利用計畫書以便將自己的構想具體化。

故事中的碧，因為自己想出了一個很棒的點子而感到開心。的確，點子本身或許不錯，但大家應該都注意到了，一旦點子進入實行階段，譬如開始思考要製作什麼樣的商品、該怎麼做、該如何賣、賣了之後到底能不能賺錢等等，碧就沒有任何具體想法了。

因此，把自己想到的點子化為某種具體形式，譬如寫在紙上，就有其必要性。這樣撰寫出來的成果就是事業計畫書。

就像之後會再說明的，事業計畫書中具有許多的要素與面向，譬如事業目的、事業內容、事業收支、客戶等等，因此必須從各個角度來評估該事業。

即使一開始只是靈光一現的模糊想法，只要之後逐漸豐富其內容，也可能成為改變世界的偉大創意與事業。

但實際上，我們也經常看到提案者只了解自己擅長的領域，對於不擅長的部分就缺乏評估的例子。如果是這樣製作出來的事業計畫書，光是要自己使用都嫌不夠。

▼說服他人加入自己的計畫

至於另一個理由，就是提案者可以利用事業計畫書向他人說明自己的計畫，取得對方理解。

所謂的他人，在故事中是指母親與釀酒師傅鶴吉。如果是一間公司，他人指的就是上司或事業開發部門，有時候甚至還必須向董事或老闆說明事業的提案內容。目前，鶴吉他們還無法理解碧的想法。這種時候，如果至少能夠寫出涵蓋本書所介紹項目的事業計畫書，說服力就會截然不同。

只靠著言語說明，很難說服對方接受你的提案。如果你在籌措創業資金，希望取得公家機關的補助、銀行等金融機構的貸款、或是請創投公司之類專門投資新創公司（※1）的人或企業掏出錢來（※2），也必須向他們說

※1　從零開始建立深具未來發展潛力的新事業的公司。

※2　稱為「出資」

明，取得他們的認可。而他們為了判斷掏錢投資的決定是否正確，會從你想的計畫是否真能成為事業、會不會受顧客歡迎、訂的價格是否賣得掉、投資下去的錢能否回收等各種不同角度進行評估。

回到故事來看也一樣，碧發現開發新商品需要的資金光靠自己籌措不來，因而向鎮上的人和銀行求助。因此，碧就必須先評估好相關事項，做好隨時都能說明的準備，以便說服他人投資。

我從事教學工作以來，偶爾也會看到原本以為是個好主意，在製作具體事業計畫書的過程中卻發現矛盾，必須重新檢視想法的例子。所以，想出好的創意本身固然是好事，但還是得依照本書所寫的步驟豐富企畫的內容，才能確認計畫是否從頭到尾都合理。閱讀本書，將你的想法大致具體化表達出來，必定就能獲得不錯的成果。

至於，如果被要求想出新事業的提案、卻苦於想不出好點子，也不用擔心。本書首先就會從提出創意的部分開始說明。

接下來，主角碧也會在小篠教練要求下，接受腦力激盪的嚴格特訓。你也可以試著和碧一起提出創意！

02 製作事業計畫書的七個步驟

事業計畫書的製作，從提出想法到完成為止，大致可分為七個步驟。

◎STEP1 提出創意、讓想法變豐富

◎STEP2 釐清新事業的理由和方向

◎STEP3 檢證商品與服務

◎STEP4 用故事與模型磨出商品與服務

◎STEP5 構築一條暢銷通路

◎STEP6 製作事業收支計畫表

◎STEP7 擬定行動計畫

圖0-01 製作事業計畫書的七個步驟

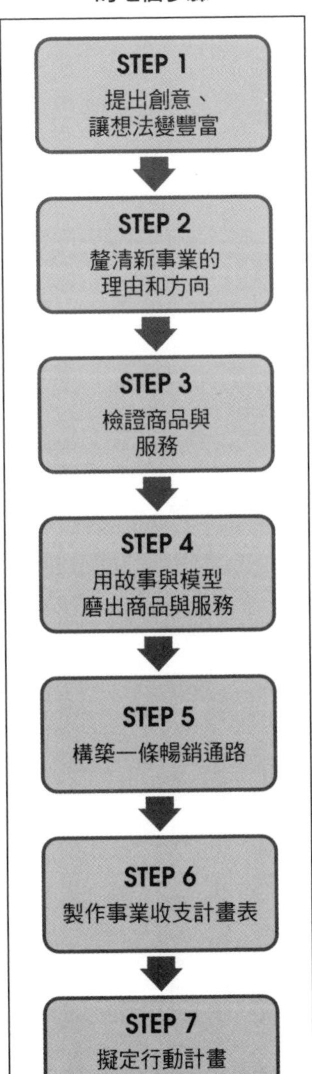

▼STEP1 提出創意、讓想法變豐富

建立新事業之初，必須決定要提供什麼樣的新商品與新服務，因此需要先有新商品與新服務的點子。這些點子在剛開始的時候，通常都只有簡單的一句話。

譬如像這樣：

◎例1：可以下載音樂的隨身聽……iPod

◎例2：「嗶」一下就能取代車票快速通過閘門的IC卡……悠遊卡等交通IC卡

◎例3：以觸控方式操作的筆記型電腦……平板電腦

這些新商品最初都是用簡單的一句話表達出想法。剛開始先盡可能想出大量的點子，之後再從中選出比較好的幾個。

那些從新創公司起家、現在功成名就的經營者們，也不全然在創業之初就決定要發展現在的事業。他們都是先想出各種點子，再從中選出成功機率看似較高的幾個，將其事業化。

▼STEP2 釐清新事業的理由和方向

想出點子之後，接下來該做什麼呢？

或許有人在這個時候，就想立刻進入將商品或服務具體化的步驟。

但請這些人稍等一下。

突然進入到細節的部分，就像誤闖入一座森林，終將迷路。即使看起來有點像在繞遠路，但還是要先明確指出為什麼這個想法有實現的必要、以及想透過商品化實現什麼樣的目標。或許這樣做很像生手，但卻能夠避免日後迷失方向。

也就是說，要讓事業長久經營，就得在一開始便先釐清事業目的和事業方向。

STEP3　檢證商品與服務

新商品、新服務都需要顧客的支持，因此事業要以什麼樣的顧客為目標，必須明確設定清楚。

因為故事中的主要目標客群設定為女性，所以就必須追問大約是幾歲的女性、住在哪裡、有什麼樣的需求，是肌膚容易乾裂、還是有敏感肌的問題等等，清楚描繪出目標顧客群的樣貌。

打算販賣新商品與新服務時，也必須事先調查這項商品或服務所處的市場環境及狀況。譬如是否已經有相同的商品或服務、賣多少錢、是否有許多類似的商品、是否以高價販賣、是從以前就有的商品、還是最近才推出的商品等等。

想販賣新商品之前，會先推測目標客群有什麼樣的需求，再進行開發。

在這個故事中也一樣，碧深信她想出的商品一定能受女性歡迎，但到底能賣不能賣，不實際推出看看是不會知道的。話雖如此，還是必須事先預測這個商品能賣到什麼程度、以什麼樣的定價推出有可能熱賣。而這時就必須找來相當於目標客群、或是接近目標客群的人幫忙評估。

此外，無論什麼樣的商品與服務，都會有競爭對手的存在。即使自己深信這項商品與服務絕對獨一無二，還是有可能在網路上找到類似、或可以取而代之的商品。所以，必須站在顧客的角度過濾出對手，並進行比較。

▼STEP 4 用故事與模型磨出商品與服務

你會重複購買以前買過的新商品或是服務嗎？

如果會的話，你在第一次購買的時候，經歷了什麼樣的體驗呢？如果是食品的話，可能會有「這個真好吃！」如果是電器產品的話，可能會有「這個真方便！」等感動的體驗吧？

由此可知，新商品與新服務的問世，能讓顧客感到開心，不，更進一步來說，是必須讓顧客產生感動。

那麼，什麼樣的商品與服務，能讓顧客感動呢？為了想像顧客感動的場景，必須寫下「願景故事」（vision story）。

所謂的「願景故事」，就是以故事的方式，描述希望未來能讓顧客產生什麼樣的喜悅與感動。

▼STEP 5 構築一條暢銷通路

到了這個步驟，我們要開始決定商品與服務的細節。譬如尺寸、內容物、包裝型態等等。除此之外，商品與服務不限於一種，因此也必須以「產品線」的概念，思考商品的品項。譬如源自於日本酒的保養品有那些呢？乳霜？化妝水？或者其他……？

可以想到的商品種類五花八門，但一般人忍不住會出手購買的，是什麼呢？

▼STEP 6 製作事業收支計畫表

有些人雖然擅長想點子，卻覺得金錢計算很棘手。本田技研工業的創業者——本田宗一郎也是如此，所以他找到擅長經營與財務的藤澤當他的夥伴。另一方面，故事中的碧也遭遇到相同試煉。碧因為酒坊虧損而想要展開新事業，所以她不得不計算新事業是否能夠賺錢。

公司沒有錢就會破產。所以，碧儘管不擅長，還是必須解決這個問題。碧也很努力呢！

賺不賺得到錢，只要把收入與支出相減就一清二楚。

京瓷創業者稻盛和夫接手日航重整事業時，每個人都不看好，但他最後卻成功了。他在電視的記者會上也說得很簡單：「開源節流，量入為出」。換句話說，就是盡可能增加營收，減少支出。為此，必須掌握收入、支出的項目與數字。

▼STEP7　擬定行動計畫

完成金錢的計算之後，就朝著目標前進吧！由於在公司組織中，一項計畫須由多人同時執行，因此必需要一個能夠實際運作的制度。有的人擅長業務、有的人擅長開發、有的人擅長製造，每個人都有不同的強項。

那麼，故事中登場的惠那酒造的釀酒師傅鶴吉，擅長什麼呢？

沒錯，就是製造。因為他是釀酒師傅，所以負責酒的製造。至於業務又由誰負責呢？

事先思考工作分配的問題，就是擬定行動計畫。

03 掌握事業計畫書的全貌

▼事業計畫書大致由八個部分組成

事業計畫書大致來說，分成以下八個部分。

①前言（↓STEP2）
②事業計畫概要（↓STEP2∫5）
③本公司參與這項事業的必要性
④事業化的方法與步驟（↓STEP5）
⑤事業收支計畫與財務計畫（↓STEP6）
⑥事業負責人與經營體制（↓STEP7）
⑦本提案的風險（↓STEP7）
⑧今後的檢討課題（↓STEP7）

「日本酒發酵精華護膚產品」
事業計畫書

20○○年3月31日

惠那酒造股份有限公司
董事長　花垣碧

●封面

圖0-02 事業計畫書的全貌

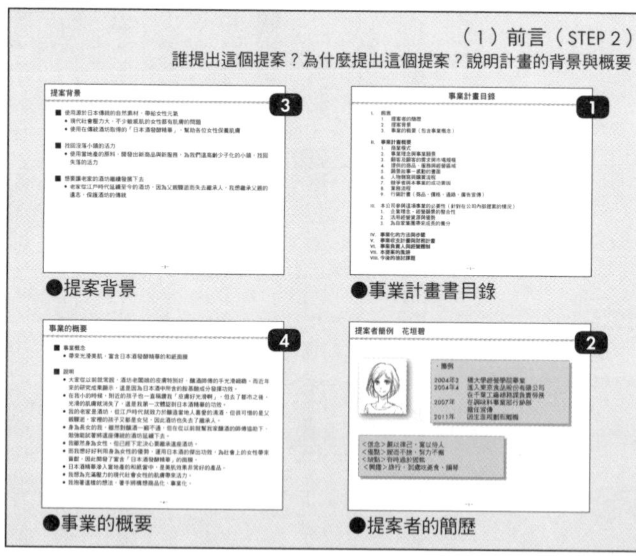

●提案背景
●事業計畫書目錄
●事業的概要
●提案者的簡歷

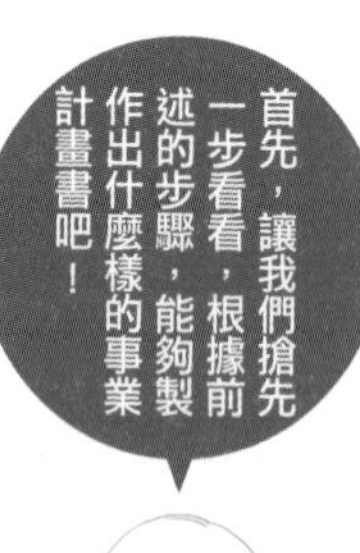

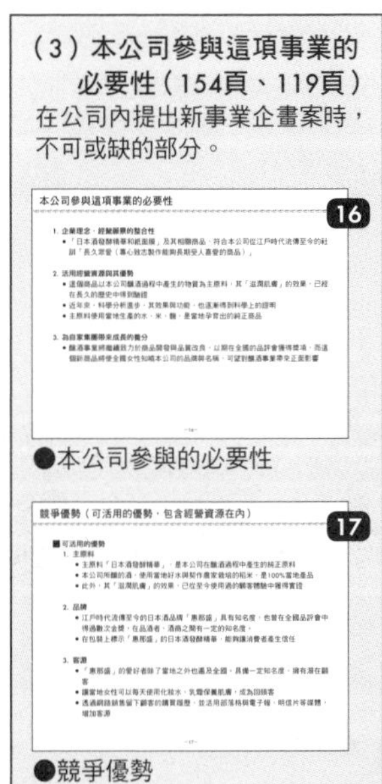

●本公司參與的必要性

●競爭優勢

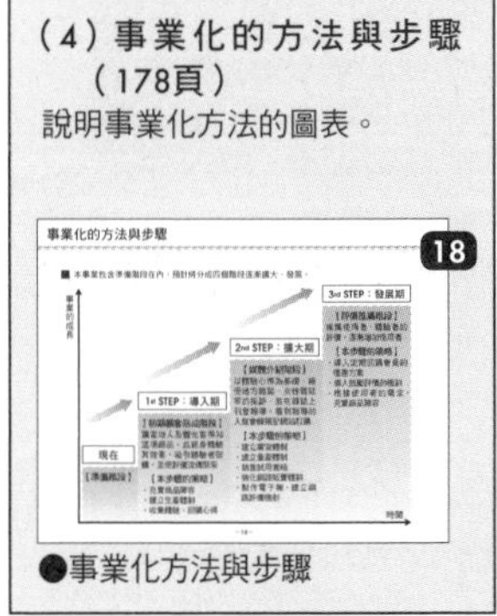

●事業化方法與步驟

(2) 事業計畫概要 (STEP 2～5)

這是篇幅最大的部分。這個部分說明了商業模式與事業理念、事業願景、顧客與市場分析的詳情、行銷計畫等等。

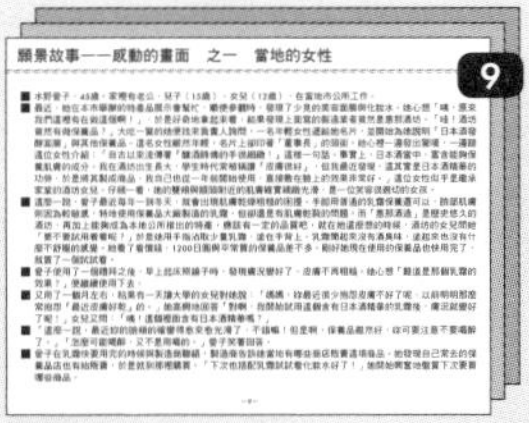

願景故事——感動的畫面　之一　當地的女性 9

●願景故事

人物側寫與購買流程 12

●人物側寫與購買流程

「日本酒發酵精華和紙面膜」的商業模式 5

●商業模式

競爭者與本事業的成功要因 13

●競爭者與本事業的成功要因

事業理念與事業願景 6

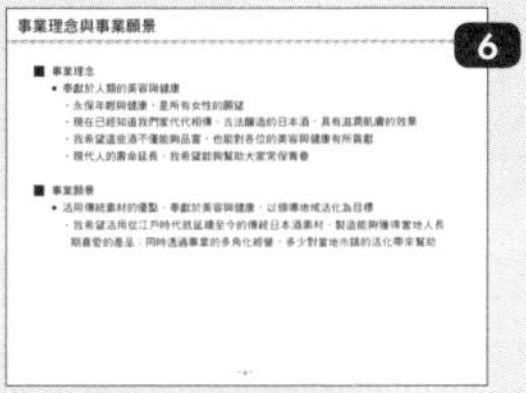

●事業理念與事業願景

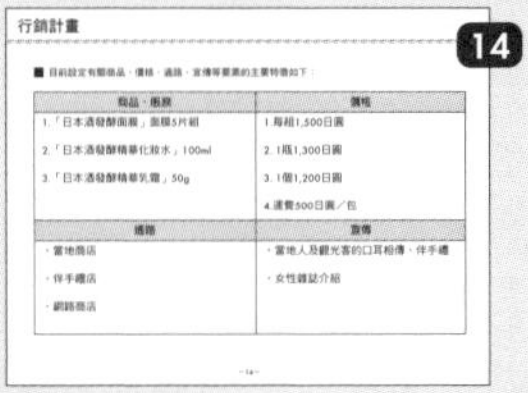

行銷計畫 14

●行銷計畫

顧客及顧客的需求與市場規模 7

●顧客及顧客的需求與市場

業務流程 15

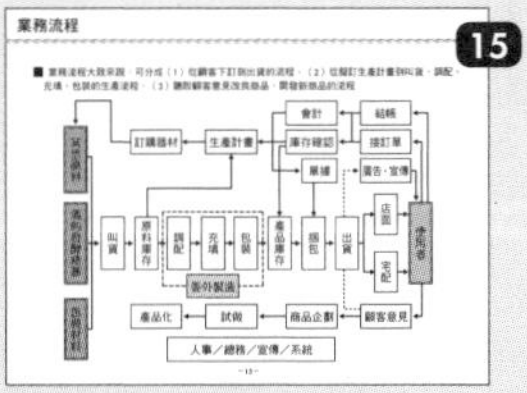

●業務流程

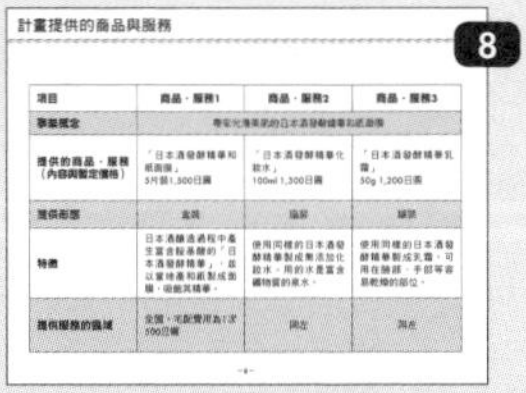

計畫提供的商品與服務 8

●計畫提供的商品與服務

請下載事業收支計畫表的Excel檔與本事業計畫書的範本。詳情請參考第2頁。

（5）事業收支計畫與財務計畫（STEP 6）

預設投資條件，並且將事業收支計畫表的Excel檔計算結果貼上來。

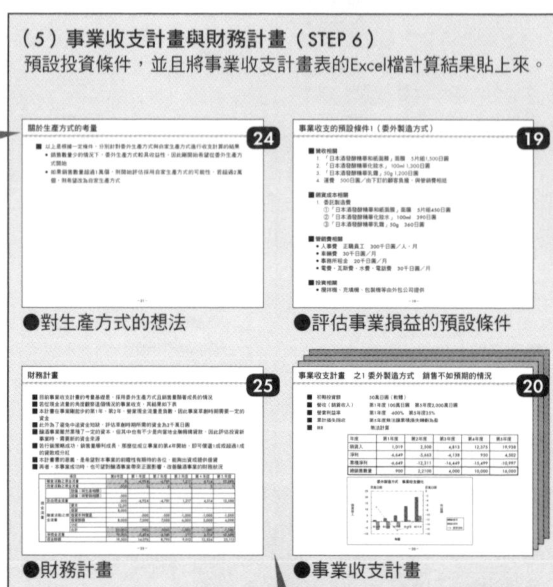

●對生產方式的想法

●評估事業損益的預設條件

●財務計畫

●事業收支計畫

了解事業收支計算流程的事業收支計畫表以附件的方式檢附在最後。

（7）本提案的風險與因應措施（STEP 7）

說明可能會有的風險與應對的策略。

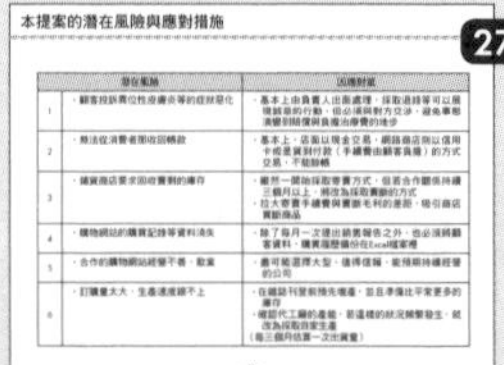

●本提案的風險與應對

（8）今後的檢討課題（STEP 7）

提案時，也必須事先揭露未來可能出現的課題。

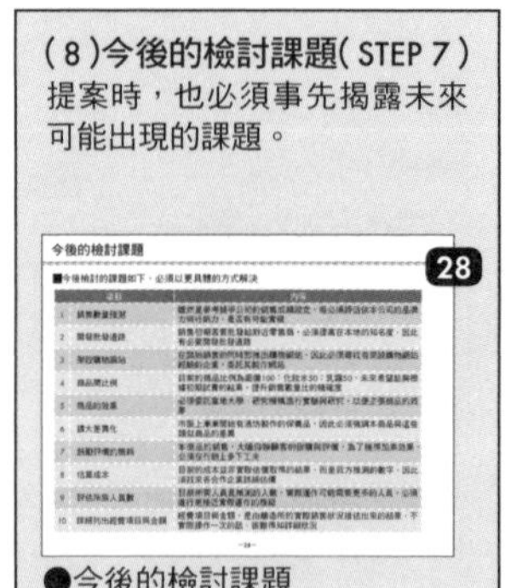

●今後的檢討課題

（6）事業負責人與經營體制（STEP 7）

說明實際推動事業化時採取的體制。

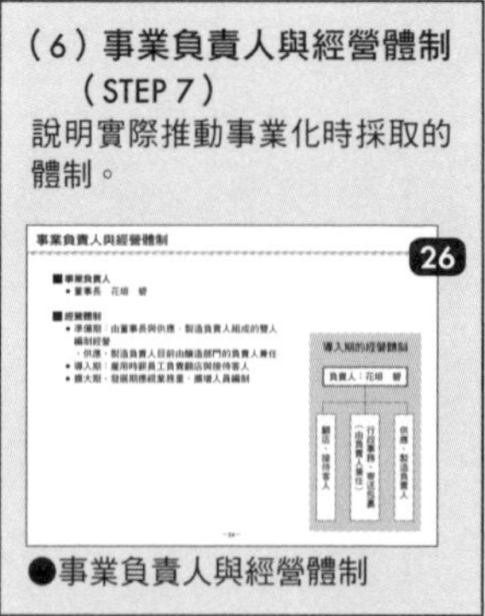

●事業負責人與經營體制

※這份事業計畫書附在本書的最後（264頁～）。

提出創意、讓想法變豐富

STORY 1 開始斯巴達課程 !?

我依照約定來了！

好、好的！

STORY 1
開始斯巴達課程！

你竟然讓來歷不明的人
進到家裡…
那個人好像從一年前開始
住在東山的山腳下
這樣啊~
名字
應該是…
小篠！

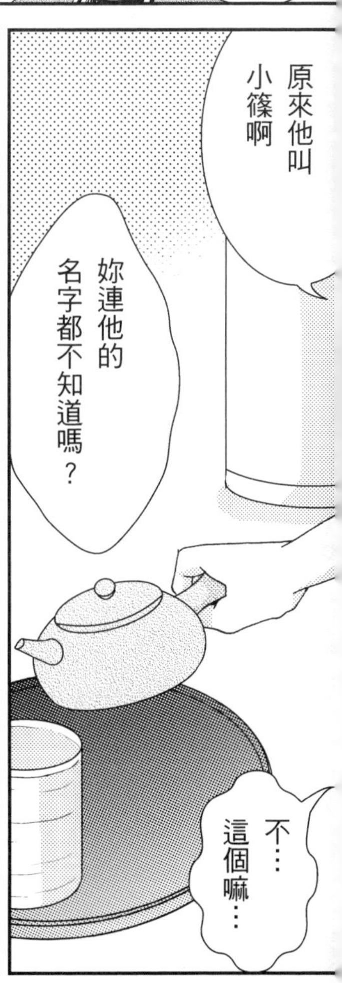
原來他叫
小篠啊
妳連他的
名字都不知道嗎？
不…
這個嘛…

大家都
不清楚他的
身分喔
有人說
他在東京走投無路
才會流落到鄉下
也有人說
他是不得了的富翁
總而言之
有各式各樣的傳聞

原來如此
不過沒問題、
沒問題啦
放心吧！
唬—

雖然那個人來歷不明
讓人有點在意
但現在也管不了
那麼多了

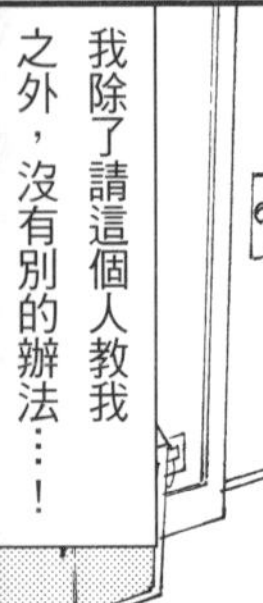
我除了請這個人教我
之外，沒有別的辦法⋯⋯！

嘶

放下
那麼

讓我們
開始吧

好
好的

舉例來說，Panasonic* 的創業者松下幸之助

*即松下電器

最初想的概念是能將一個電源分成兩個使用的「雙插口燈座」，而且還大賣

因為，當時一個電源只能點亮一顆燈泡；舉例來說，即使買了電熨斗也不能和電燈同時使用，非常不方便

此外，現在成為汽車大廠的 HONDA* 也一樣

*即本田汽車

本田宗一郎在戰後物資缺乏的時代，將腳踏車裝上發電機的引擎來銷售，結果爆炸性地熱賣

現在妳環顧這個家，眼裡看到的東西，幾乎都是先人發揮創意下的產物

如果有好的創意、和實現的慾望，不僅能夠幫助世界變得更好，也能成為有錢人

只要可以賺到錢就能完成自己想做的事情，所以，開展一個新事業，首先就從創意開始！

……這種事情
我做得來嗎……

提出創意、發想創意
是有方法的

只要學會
這個方法

無論是誰都能
提出好點子！

這是什麼樣的
方法呢？

妳聽好，
人類的大腦是
只要給它某個題目
它就會開始運作
唔—
題目
題目
題目
叮
咚！！
但如果說什麼都好的話，
反而會什麼都想不出來

所以第一步
就是試著
設定題目

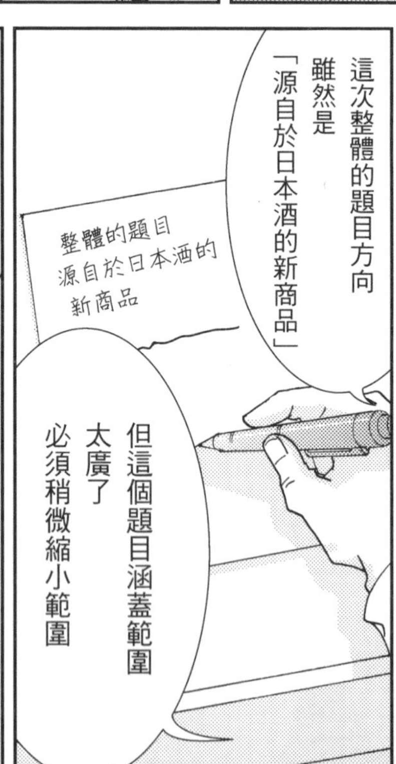
這次整體的題目方向
雖然是
「源自於日本酒的新商品」
整體的題目
源自於日本酒的
新商品
但這個題目涵蓋範圍
太廣了
必須稍微縮小範圍

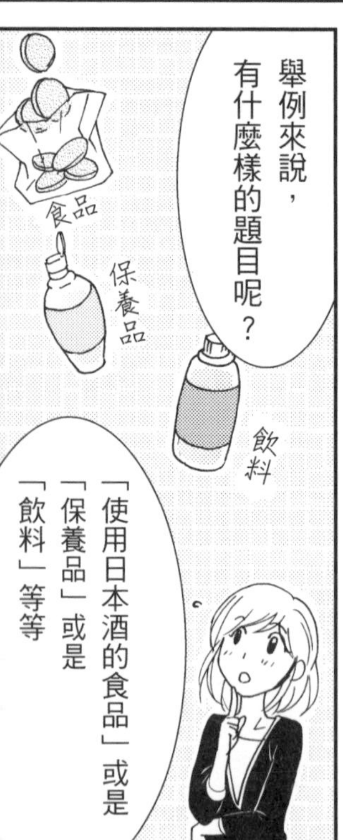
舉例來說，
有什麼樣的題目呢？
食品
保養品
飲料
「使用日本酒的食品」或是
「保養品」或是
「飲料」等等

是啊，有這種設定題目的方式
整體的題目
源自於日本酒的新商品
飲料
保養品
使用日本酒製作的食品
使用製造過程中產生的副產品製作的商品
使用日本酒本身製作的商品
與其他東西組合而成的商品
也有「使用製造過程中產生的副產品製作的商品」、「使用日本酒本身製作的商品」
或是「與其他東西組合而成的商品」等發想的角度

原來如此還有這些發想方式啊
對啊

接著就試著根據這些題目想出創意吧！

啪
寫在這張紙上

NO.	創意名稱	姓名

內容(圖示)	說明

創新性	需求性	發展性	獨特性	實現性	收益性	規模感	合計	類似創意

聽說日本第一位諾貝爾獎得主湯川秀樹博士，總是在枕邊放一本筆記本
如果在半夢半醒之間浮現什麼想法，就能立刻記錄下來
我想到了！
迅速！

這樣啊——
原來得到諾貝爾獎的人，也會把點子記下來啊

那麼，我們就開始吧
請在兩小時內想出三十個點子
兩小時——
什麼！怎麼這麼突然？

不可能的!!
沒有不可能，只要開始就能做到！

專注

因為至今為止
大家都是這麼做的

唔——

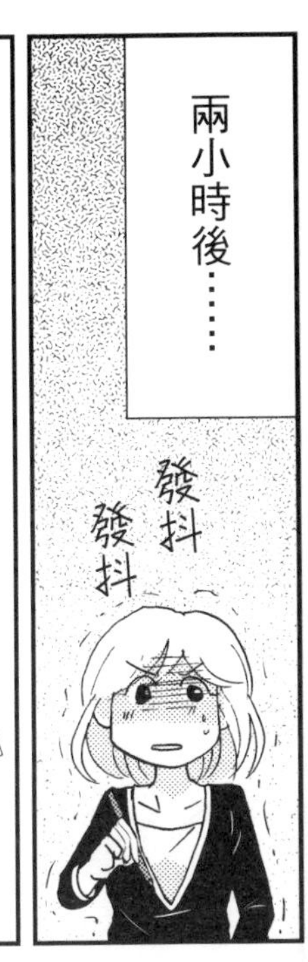
兩小時後……
發抖
發抖

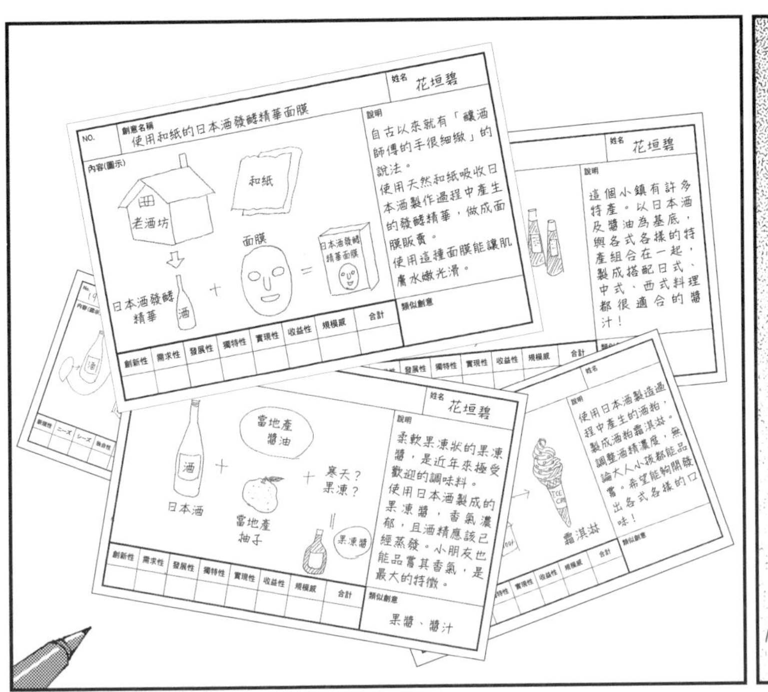
姓名 花垣碧
NO.
創意名稱 使用和紙的日本酒發酵精華面膜
內容(圖示)
老酒坊
和紙
面膜
日本酒發酵精華
酒
日本酒發酵精華面膜
說明 自古以來就有「釀酒師傅的手很細緻」的說法。使用天然和紙吸收日本酒製作過程中產生的發酵精華，做成面膜販賣。使用這種面膜能讓肌膚水嫩光滑。
類似創意
創新性 需求性 發展性 獨特性 實現性 收益性 規模感 合計
姓名 花垣碧
說明 這個小鎮有許多特產。以日本酒及醬油為基底，與各式各樣的特產組合在一起，製成搭配日式、中式、西式料理都很適合的醬汁！
姓名 花垣碧
酒
日本酒
當地產醬油
當地產柚子
寒天？果凍？
果凍醬
說明 柔軟果凍狀的果凍醬，是近年來極受歡迎的調味料。使用日本酒製成的果凍醬，香氣濃郁，且酒精應該已經蒸發。小朋友也能品嘗其香氣，是最大的特徵。
創新性 需求性 發展性 獨特性 實現性 收益性 規模感 合計
類似創意 果醬、醬汁
姓名
說明 使用日本酒製造過程中產生的酒粕，製成酒粕霜淇淋。無調整酒精濃度，無論大人小孩都能品嘗。希望能夠開發出各式各樣的口味！
霜淇淋
類似創意

完成了！30個
太好了!!
我就說吧，只要開始就能做到
這麼一來，妳也能稍微拿出自信了

刷
接下來，來為剛剛想出的點子打分數

把思考創意與評價創意分開來是很重要的一件事

創意

首先專心思考

之後再評價

一邊思考一邊評價，最後就會什麼都想不出來

什麼!?

零食

所以，首先專心思考就好之後再來評價

這樣啊—

原來如此

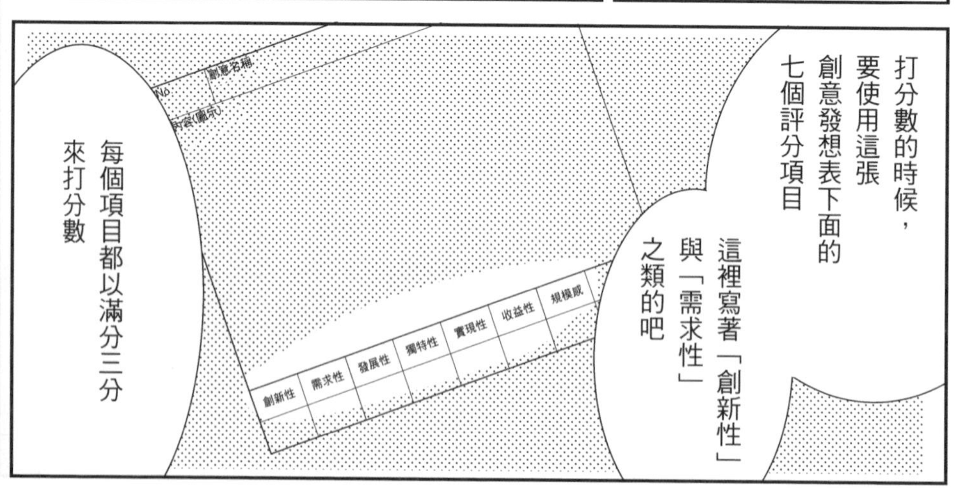

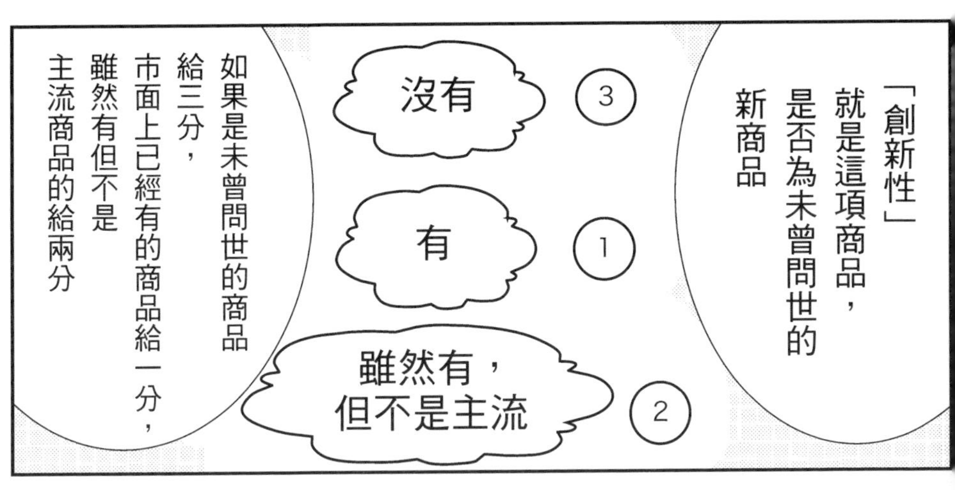

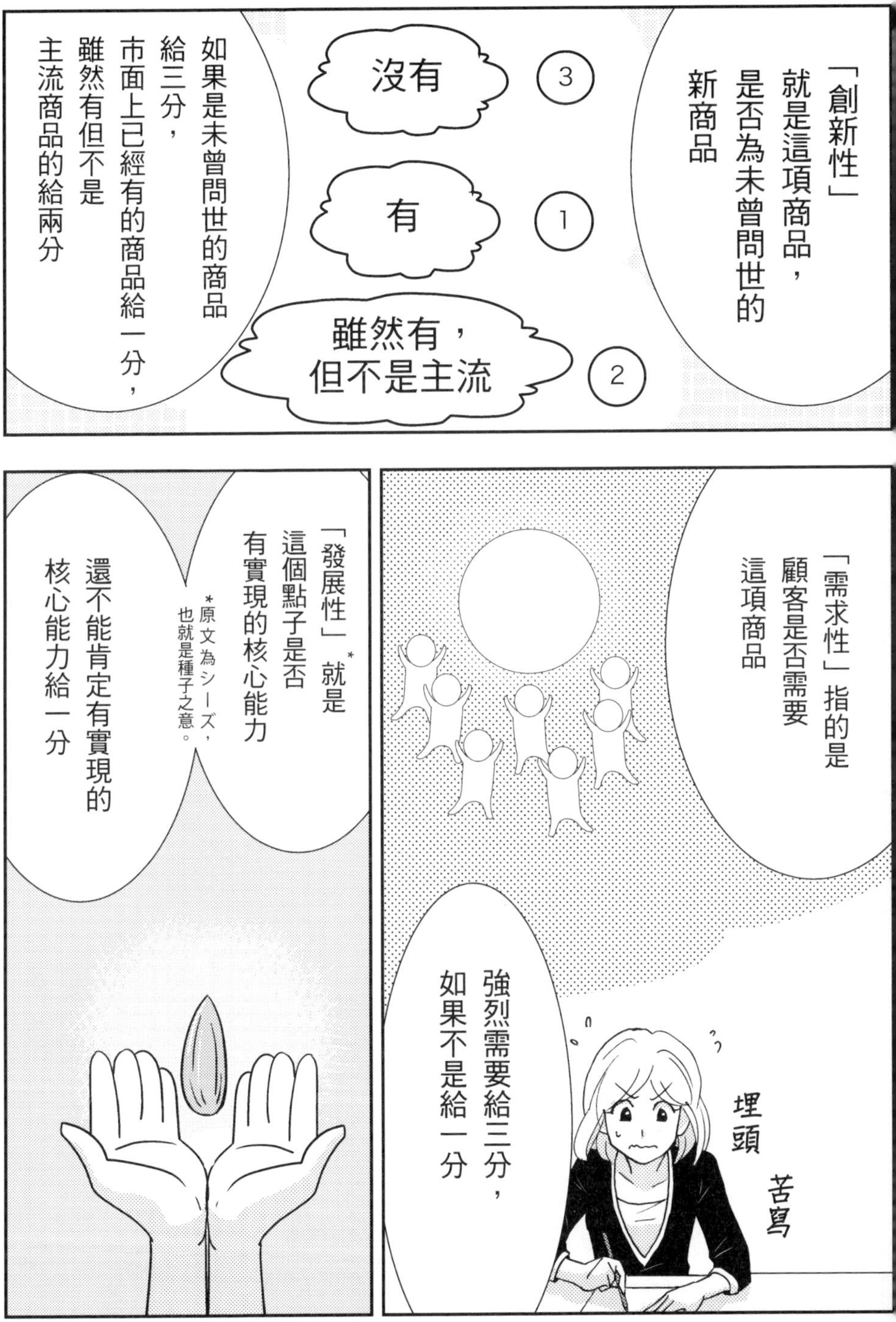

「需求性」指的是顧客是否需要這項商品

強烈需要給三分，如果不是給一分

埋頭

苦寫

「發展性」*就是這個點子是否有實現的核心能力

*原文為シーズ，也就是種子之意。

還不能肯定有實現的核心能力給一分

「獨特性」就是
有沒有自己才能做
得出來的
獨特性

如果其他人也能生產出
相同的東西給一分
只有自己能夠製作出來的
則給三分

「實現可能性」指的是
這種商品能不能實現、
做不做得出來

商品

「規模感」則是
市場的大小。
很多人購買則
市場大；
少人購買則
市場小

埋頭
苦寫

最後是「收益」
也就是製造這項商品
能不能賺到錢

以低成本製造、
高價格販賣，
就能賺到錢

即使耗費龐大成本
也只能用便宜的
價格販賣，
就賺不到錢

完成了！
我打好30個
分數了

很好
那就來加總分數吧

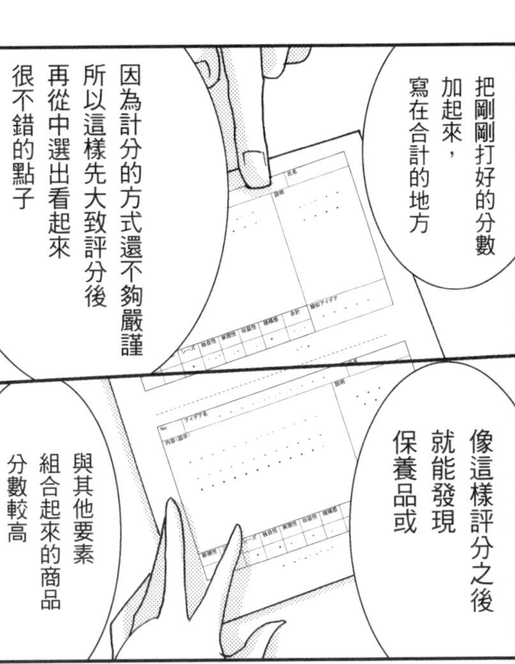

像這樣評分之後就能發現保養品或與其他要素組合起來的商品分數較高

01 最初都是從一句話開始

▼創意發想的三要素

開展新事業時，首先需要的是商品的創意和事業的創意。

舉例來說，我們身邊常見的眼鏡、自動筆、個人電腦……。這些都是過去的人將自己提出的創意製成產品，再普及開來的成果。這些產品在最一開始都只是用一句話描述的點子而已，譬如「用鏡片調整視力的器具」、「筆芯從一開始就削好的鉛筆」、「個人自用的運算機器」等等。

「有沒有什麼好的創意？」聽到這個問題時或許會緊張，但實際上，你自己就有發想點子的潛力。這是每個人都具備的能力，只要稍微下點功夫運用這項能力就行了。

思考創意時，需要①發想方式、②熱情、③經驗這三項要素。接下來要介紹的是①發想方式。而一般來說年輕人擁有較多的②熱情，年長者則具有較多的③經驗。所以，即使是年

圖1-01 創意發想的三要素

發想方式
熱情
經驗

長者，只要懂得使用①發想方式，並能投注②熱情，也能想出創意。

▼從現有產品的缺點發想看看

發想方式有很多種，其中最簡單的方法稱為「缺點列舉法」。這是一種從現有產品與服務中，列出自己不喜歡的部分，之後再來思考解決之道的方式。

以「吸塵器」為例，吸塵器的缺點包括「每次吸地板時都要拿著很麻煩」、「聲音很吵」、「清理垃圾很麻煩」等等。

這些缺點聽起來像是懶人的藉口，但創意的出發點，就源自於這些使用者所詬病的缺點。要列出多少個缺點都可以，等缺點全都列出來之後，就要來思考有沒有可以解決的方法。

舉例來說，為了解決「每次吸地板時都要拿著很麻煩」的問題，便誕生了「掃地機器人」。

最早開發出掃地機器人的是美國，但這項產品也紅到日本，所以現在日本也出現製造掃地機器人的公司。

如果對現有的產品抱持著「理所當然」、「這東西就是這樣」的態度，就不會有什麼想法出現。只有懷抱著「能不能變得更方便」、「這個部分能不能改善」的態度，思考可以改良、改善的部分，點子才會源源不絕地出現。

▼給大腦一定程度的條件

本書的故事中，使用設定具體條件、並根據這個條件進行發想的方法。人類的大腦，會在目的明確的狀況下運作，所以給大腦具體指示「請思考這個題目」時效果會比較好。如果讓大腦自由發揮，反而什麼都想不出來。此外，故事中的小篠，給碧「兩小時想出三十個點子」的時間壓力，像這樣制定明確的目標，也能收到不錯的成效。因為即使是在放鬆的狀況下，最好也還是能夠保持適度的緊張感。

思考創意時，可以一個人想，也可以用小組或團體討論的方式進行。

那哪一種方式可以激發出較多的點子呢？答案是團體討論的方式。因為彼此能夠互相刺激。人在思考創意時會用到大腦，透過腦神經細胞相互串聯、聯想產生各式各樣的想法。「心智圖」就是幫助個人活用這種機制的工具。

相對的，把這種聯想機制應用在多人組成的團體中來進行，就是團體發想法。這個方法由奧斯朋所提出，一般通稱為「腦力激盪法」。

腦力激盪法的進行方式是，首先由五至六人組成一個小組，選出一個掌控整體流程的人，以三十分鐘到一小時為一節，決定好題目之後，就彼此拋出想法。並將想法寫在接下來會介紹的創意紀錄表上，寫好之後再向其他成員介紹，徵求成員們的意見。

腦力激盪法有幾個規則，譬如「嚴禁批評」與「重量不重質」等等，提出想法時必須遵守規則。

要規定「嚴禁批評」是因為，當自己的想法受到批評時，人就會基於自我防衛的心理而不再提出想法。所以不能批評他人提出的點子。

此外，重量不重質則是因為，與其試圖仔細推敲出一個好點子，還不如先提出大量的想法，更容易讓好的點子冒出來。

透過團體發想能讓成員在競爭心態等的刺激下，產生前面提到的「熱情」，覺得「我也要想出點子」。此外，也能從他人介紹的體驗中吸收「經驗」。

▼想法一定要記錄下來

想法稍縱即逝。即使當下覺得「我想到了一個好點子」，一會兒就忘掉了，所以一定要記錄下來。

如果只用文字記錄，很難產生具體的想像。因此請像下圖這樣，將想法記錄在創意紀錄表上。碧也是使用這張表來思考各種點子。最上面記錄的是創意編號、創意名稱、提出者的名字，中間是創意示意圖、右邊是說明，最下面的欄位之後會用到，發想時請先空下來。

圖1-02 創意紀錄表的範例　Free Download

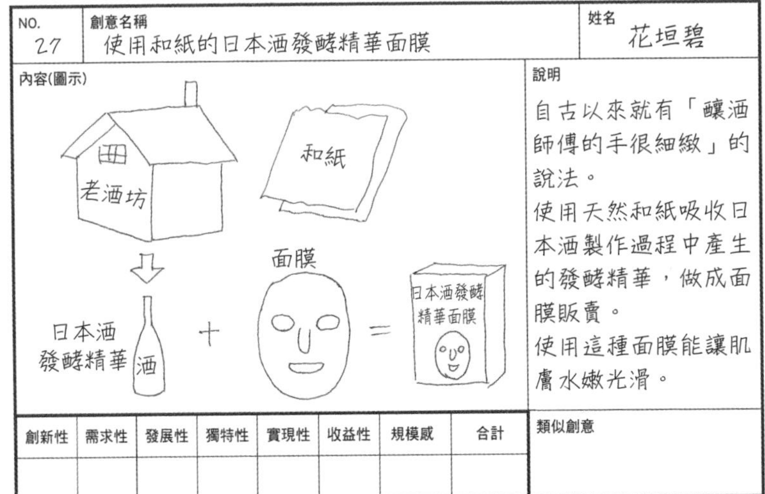

NO. 27
創意名稱 使用和紙的日本酒發酵精華面膜
姓名 花垣碧

內容(圖示)

說明
自古以來就有「釀酒師傅的手很細緻」的說法。
使用天然和紙吸收日本酒製作過程中產生的發酵精華，做成面膜販賣。
使用這種面膜能讓肌膚水嫩光滑。

創新性	需求性	發展性	獨特性	實現性	收益性	規模感	合計

類似創意

02 強迫自己想出創意的方法

▼發想的觀點

如果想要提出大量點子，有一種方法是先給自己設定發想的方向。故事中，小篠給碧設定的發想方向，就是「釀酒時的副產品」，或「與其他東西組合而成的商品」等。這些設定稱為發想的觀點，代表性的發想觀點類型如：

（1）擴張（extension）

所謂的擴張，就是擴大熱門商品的的概念。譬如 AKB 48 大受歡迎，就在大阪成立 NMB 48、在名古屋成立 SKE 48、在印尼首都雅加達成立 JKT 48。

（2）相乘（matrix）

所謂的相乘，就是將多種要素組合在一起，譬如將空氣清淨機與加濕器組合成加濕空氣清淨機、將洗衣機與烘衣機組合成洗烘衣機等等，有各式各樣的例子。

（3）強制關聯

這是（2）的應用，是一種將乍看之下毫無關聯的事物組合在一起的手法。譬如加州捲就是將壽司捲與酪梨組合在一起，雖然看似突兀，吃了之後卻發現不錯。

（4）概念開展法

所謂概念開展法，就是將熱門概念加諸在各種商品上的開展方法。舉例來說，零熱量可口可樂大受歡迎，就將零熱量的概念運用在各種蘇打飲料上，發展成各式各樣的商品。

（5）微調

這是一種稍微改變一下既有商品，再將改變後的商品當成新商品推出的方法。舉例來說，電子書閱讀器就有許多類似的商品。

此外，準備一張創意發想用的檢查表，並根據檢查表強迫自己想出點子也是一種方法。舉例來說，開發出腦力激盪法的奧斯朋也提出了「SCAMPER」的概念，而鑽研創造性開發的學者艾伯爾（Bob Eberle）則在 SCAMPER 的基礎上，再將其整理成有七個項目的檢查表。

Substitute（置換、取代）是將商品的某項要素用其他要素取代。譬如用無線零件取代電腦的滑鼠線，變成無線滑鼠。

Combine（結合）與相乘是同樣的概念。

Adapt（改造）指的是將原本使用在別處的東西，發想看看是不是也能拿來使用。譬如，

圖1-03 發想法的例子（SCAMPER）

	思考方式
S	Substitute（置換、取代）
C	Combine（結合）
A	Adapt（改造）
M	Modify（修正）
P	Put to Other Purpose（使用在其他目的）
E	Eliminate（消除）
R	Rearrange／Reverse（重新排列／反轉）

汽車導航用的 GPS，如果用在手機，就能有提供路線指引的功能。

Modify（修正）指的是改變原商品或服務的某個部分。譬如，將手機的鈴聲改成音樂，變成來電音樂。

Put to Other Purpose（使用在其他目的），舉例來說，在 USB 隨身碟中存入音樂，再接上耳機，就變成 MP3 隨身聽。

Eliminate（消除）指的是消除現有要素。譬如將電風扇的葉片消除，製造出無葉片電風扇。

Rearrange／Reverse（重新排列／反轉）則是改變順序。前面提到的加州捲就是一個很好的例子，加州捲為了讓討厭海苔的美國人接受，而將海苔捲在裡面。

▼直接拋出想法不要想得太細

接下來，讓我們來看故事中的碧所提出的點子。

圖1-04 碧想出的點子

種類	內容
1.保養品	日本酒發酵精華：化妝水、乳霜、面膜、乳液、肥皂、洗髮精、香水。
2.食品	美肌保健食品（效果尚未確認）、果凍醬（香氣濃郁）、日本酒咖哩。
3.調味料	醬汁（混和）、高級料理酒、高級醋（以酒為原料）。
4.飲料	發泡日本酒（有其他公司推出）、醋飲（類似紅醋飲）、日本酒調酒、日本酒混蘇打水（其他公司已經推出）。
5.副產品	酒粕仙貝、酒粕霜淇淋、酒粕咖哩、酒粕醬汁、酒粕面膜泥（酒粕含有水分，可以製成泥一般的面膜）、酒粕戚風蛋糕、酒粕蛋糕捲。
6.組合	酒粕麵包（將酒粕混入麵團烤過）、小芋頭日本酒蛋糕（利用小芋頭濕潤口感與日本酒的風味）、使用和紙的日本酒發酵面膜、日本酒蒸柿子、日本酒蒸栗子、酒粕與栗子混和成栗子泥點心。

以上共30個。

碧原以為做不到，但最後還是想出了各式各樣的點子。當然，有些商品市面上已經有了。

但是，思考創意的時候，不要太在意這種事情，因為盡情動腦筋聯想，也具有活化自己大腦的效果。

如果想讓我們人類的腦神經細胞（神經元），像網子一樣遍布於整個大腦、並逐漸相互連結的話，「聯想」是很有效的方法。

在故事的例子中雖然只做了一次發想。但實際上創意發想也可以在不同的時間、日子反覆嘗試，或轉換心情之後，再次進行。

▼不要一邊思考創意一邊評價

先把點子都提出來之後再進行評價。這時最重要的一點是：不要一邊想點子，一邊評價。人類的大腦不適合同時處理多件事情，所以提出點子的時候，就專心地提出點子。如果在發想創意的同時一面評價，會愈來愈難想出點子。因為大腦中的檢視機制會開始運作，使得抑制傾向漸漸地愈變愈強。

因為點子比較容易在感覺或心情放鬆的時候想出來，大腦中的抑制作用反而會造成反效果。

此外，進行團體發想法的時候，最好一開始就不要讓經常批評他人想法的人加入。

因為，如果在提出想法的途中，有人給出「這個想法好像有點問題」等負面意見，大家就會盡量避免往這個方向發言。創意發想時，首先就是要營造出讓大家都能夠開開心心熱烈討論、想說什麼就說出來的氣氛。想法好或不好，之後再評估比較好。

03 評價創意的要點是什麼？

▼評分的七個觀點

創意紀錄表寫好之後，接著就要一張張評分。這時候，必須站在與提出點子的自己截然不同的角度，給這些想法客觀的評價。請依照下列7個觀點，分成3～1共三個等級，給予不同的分數。

（1）創新性

根據創意是否新穎來進行評分。若是目前市面上沒有的全新商品，給3分；已經有類似商品的，給1分。

（2）需求性

顧客是否有強烈需求。能讓顧客認為「有的話一定買」給3分；如果只是覺得「如果有可能也不錯吧」這種程度，則給1分。

（3）發展性

發展性指的是這個點子有沒有像種子一樣，已具有可發展成具體商品的核心能力。如果已經具有核心能力給3分；如果沒有、還必需加以研發，則給1分。

（4）獨特性

獨特性就是原創性。如果是其他人做不出來的東西，給3分；如果市面上已有類似的東西，則給1分。需留意，獨特性愈低愈就容易被模仿。

（5）實現可能性

實現可能性指的是，要將這個點子實現做

成商品或服務時，是將現有的東西組合起來、或利用既存的物質條件就能實現的，給3分；如果是沒有可做為原型的東西、缺乏相應的社會條件、必須再摸索重頭開發的，則給1分。

（6）規模感

規模感指的是未來可以發展成多大規模營收的事業。個人經營的事業規模感，與企業經營的規模感不同。如果是個人經營的事業，依照對自己事業而言的標準分為大、中、小，分別給予3、2、1分。企業經營也一樣，判斷這個事業的規模對自己企業來說屬於大、中、小，再分別給予相對應的分數。

（7）收益的可能性

收益的可能性，指的是能不能賺到錢。若相對於售價來說成本偏高，就會賺得少；若相對於成本來說，可訂定高售價，則可賺得多。

由於項目多達七個，因此光是評分可能就很辛苦了。但這個階段請不要查資料，憑直覺決定分數。

▼先挑選自己喜歡的點子

根據上述方式，將所有想出的點子進行簡單評分之後，再計算總分。接著從總分高的項目中，選出你想試著放進事業計畫書中的創意。

碧的情況也一樣，雖然她自己也搞不太清楚狀況，但依然在小篠的催促下，憑直覺打好分數。最後，她選出來的是「使用和紙的日本酒發酵精華面膜」。

然而，碧選出來的不一定是分數最高的創意，甚至可以說，她選的是自己喜歡的點子。但是，這也無所謂。如果有自己喜歡的點子，首先就將這個點子試著寫成事業計畫書看看。最後也許會發現，這個點子可能無法發展成規模夠大、夠賺錢的事業。這時再放棄就可以了。但如果無論如何都不想放棄，那就窮盡各種方法、努力把事業建立起來，這也是一個方法。

換句話說，找出「理想」與「可能性」之間的平衡點很重要。如果沒有「理想」，只根據形式標準選出高分者，將難以說服自己使盡全力來製作事業計畫書。而且，如果同時有其他更喜歡的點子，自己也容易三心二意，無法下定決心投入新事業。所以，如果有非常喜歡的點子，就先試著將其寫成事業計畫書吧！要是最後不得不放棄，只要從之前評分好的點子中，選出替代方案就行了。這時候就會體驗到「當初想出那麼多點子真是太好了」。因此，當成買保險也好，開展新事業就先從大量的創意開始吧！

圖1-05 簡單評價新商品、新事業的例子（參考55頁　圖1-02）

觀點	重點	碧的想法	
1.創新性	是否為新商品、新服務	3	日本酒發酵精華＋和紙的組合很創新
2.需求性	需求性強、有大量需求	2	有肌膚煩惱的女性很多
3.發展性	有核心能力（種子）、且可入手	3	老家是酒坊、有釀酒技術，可以取得當地的和紙
4.獨特性	有獨特性、有原創性	3	使用和紙的部分有原創性
5.實現可能性	有沒有可能實現	3	立刻就能製作
6.規模感	可以達到大規模營收	2	只要受歡迎就有可能擴大規模
7.收益的可能性	能不能賺錢	2	依價格設定而異
合計		18	

釐清新事業的理由和方向

STORY 2 把理想具體化

復興酒坊與地域活化
STORY 2
把理想具體化
製造源自於日本酒的保養品，就能解決這兩個問題嗎？
雖然是老王賣瓜，但這個點子不是很棒嗎♪
看見希望
我搞不清楚妳在說什麼
酒就是酒，為什麼不能照以前的方法做？
破滅
看見希望
打擊
妳明明以前都在都市，也不回來這裡，事到如今，還來說什麼五四三？
哼
好了好了

鶴叔說的、
碧說的，
都有道理
哼！
別氣別氣，
我泡了茶，
喝一杯吧！

……事情
就是這樣
沮喪
唉唉唉…

鶴叔也真是的
不管怎麼說
碎念碎念碎念碎念
也沒有必要
那麼生氣吧

那我問妳，
為什麼妳想
這麼做呢？
為什麼?!

就像鶴吉先生說的，
「大小姐」不要插手，
腳踏實地繼續釀日本酒，
也是一個方法不是嗎？
這個嗎⋯⋯

來吧！這次的主題，
就是要問妳對
這個事業的「理想」
妳為什麼
想要做
這項事業呢？

這件事，
我一直以來，
不是說過很多次了嗎！

不
妳必須用
完整的文字表達
要想出
每個人都能懂的
關鍵字
關鍵字⋯⋯
爸爸突然去世

再這樣下去
老家從江戶時代
流傳至今的酒坊
就會在毀在
我這一代手上

光是這點，
我就不想讓它發生

我家客廳
還擺著祖父、
曾祖父的照片

我們家族代代
都以釀酒維生

我們家釀的酒，
在鎮上的祭典中
還獻給神明當神酒

這樣的酒坊，
不能讓它消失！

這樣的話，只要繼承酒坊就好了不是嗎？
為什麼需要開展新事業呢？
因為只靠著釀酒，無法存活下去

沒有這回事很多酒坊都是靠著優秀的日本酒品牌存活下來

…但就連一心一意釀酒的爸爸都無法做到這個程度
只靠著釀酒很難將惠那酒造的品牌推廣到全國

所以我就想
能不能用女性特有的觀點活用日本酒開展新商品或新事業呢？

那就是「用女性的觀點，帶給日本酒新氣象」的感覺吧
那麼，為什麼選擇保養品呢？

因為酒對皮膚很好吧？
自古以來就有「釀酒師傅的手很細緻」這樣一句話不是嗎？
日本酒當中含有能夠保養肌膚的成分

我自己也從小就常被稱讚手的皮膚很光滑
去到東京之後皮膚開始變得粗糙，所以我發現「自己皮膚好，果然是因為酒的關係」

而且再加上
最近對於「想要常保青春」的需求增加了

如果能夠做出使用天然素材，源自於日本酒的保養品
大家都能安心使用吧

源自於日本酒的逆齡抗老自然派保養品
妳說的是這個吧
沒錯！

那麼，妳想讓什麼樣的女性使用呢？
這個嘛……
肌膚問題多的都市人…
皮膚乾裂

不過，首先我想讓當地女性使用！
好冷啊
好冰
讓在寒冬中工作而變得乾裂的肌膚
變成光滑細緻的肌膚！

「用光滑細緻的肌膚，帶給女性元氣」是嗎？
沒錯

還有，這麼說或許有點誇張，但我想要讓這座小鎮活起來
因為年輕人都到都市去，小鎮變得高齡化、愈來愈寂寥

我小的時候，鎮上的祭典更有活力
如果傳統酒坊製作的保養品大賣，來到這座小鎮的人也會增加
這麼一來，大家也會想要試著為自家商店，開發一些新商品吧

原來如此
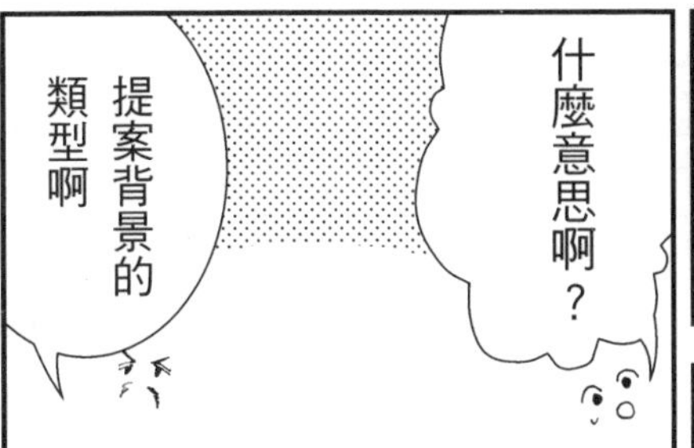

什麼意思啊？
提案背景的類型啊

看來，妳應該屬於問題意識型、理念・使命型、實現手段型
問題意識型
理念・使命型
實現手段型
這三種要素混和在一起的類型

提案背景可以分成
①問題意識型
②理念・使命型
③實現手段型
④描繪將來願景型
這四種
每種類型有不同的出發點
原來如此—

換句話說，就是這麼一回事

①問題意識型　以現在保養品所擁有的各種問題做為出發點

②理念・使命型　「希望留下老酒坊」或是「想讓寂寥的小鎮復甦」等理想

③實現手段型　把「將日本酒有益肌膚的特徵，推廣給更多人知道」的具體手段做為訴求的思考方式

④描繪將來願景型　以「將來想要實現這樣的社會」的未來願景做為訴求

筆記筆記

嗯嗯

接下來，
就是事業的概念

事業的概念？
？
就是把妳想做的是一個什麼
樣的事業，
用一句話表達出來

舉例來說，
「明天送達的文具」
會想到哪家公司呢？
明天送達的文具
嗯？
啊，
我知道！
是「ASKUL」

沒錯，
這個呢？
「快速、便宜、美味」
快速、便宜、美味
吉野家

一樣的意思
概念！
妳也要給自己的事業
設定一個像這樣子的概念

突然這麼說，一時……
唔—
妳又不是文案高手，也不期待妳一下子能寫出什麼厲害的東西

事業概念有五個要素
只要分別考量這些要素，最後再做總整理就行了
筆記
筆記

首先第一點
妳的目標客群是誰呢？

目標客群嗎……
嗯—
說起來，應該是「女性」吧

再說得更具體一點呢？
應該是「充滿壓力的現代社會女性」吧？
那麼接下來，妳的商品或服務有什麼特徵呢？

「用日本酒的成分改善肌膚」如何呢？

「以日本酒發酵精華改善肌膚」如何？
好像還需要一點力道
採用！
指
這個好！

真是盛氣凌人啊…
再來，獨特性高嗎？
我們這裡沒有！
其他地方
我們有！
強項
換句話說，就是其他地方沒有的獨特強項
強項…

老家是「有歷史的酒坊」
我也想用「當地特產的和紙」當面膜紙……
酒坊
當地特產的和紙
這樣應該可以吧？
應該喔

那麼接下來，
就是建立商業模式

商業模式
雖然有聽過…
呵呵
但那是什麼啊？

簡單來說
商業模式
就是「獲利的機制」

在販售商品的商業行為中，
一方面商品要能滿足
顧客的需求，
一方面也要向顧客收取
合理的價格
顧客
滿足需求
適當價格
(高於成本的定價)
商品
以人工、機械生產
向原料商買進容器
酒的原料
成本
生產者
而且，你們製造商品時
也要向原料商買進
酒的原料與容器，
再以人工及
機械生產出來
製造商品總是需要花費一些成本
如果販售價格沒有設定得
比成本高就無法獲利

可是 就算不能獲利，
我也覺得無所謂啊…

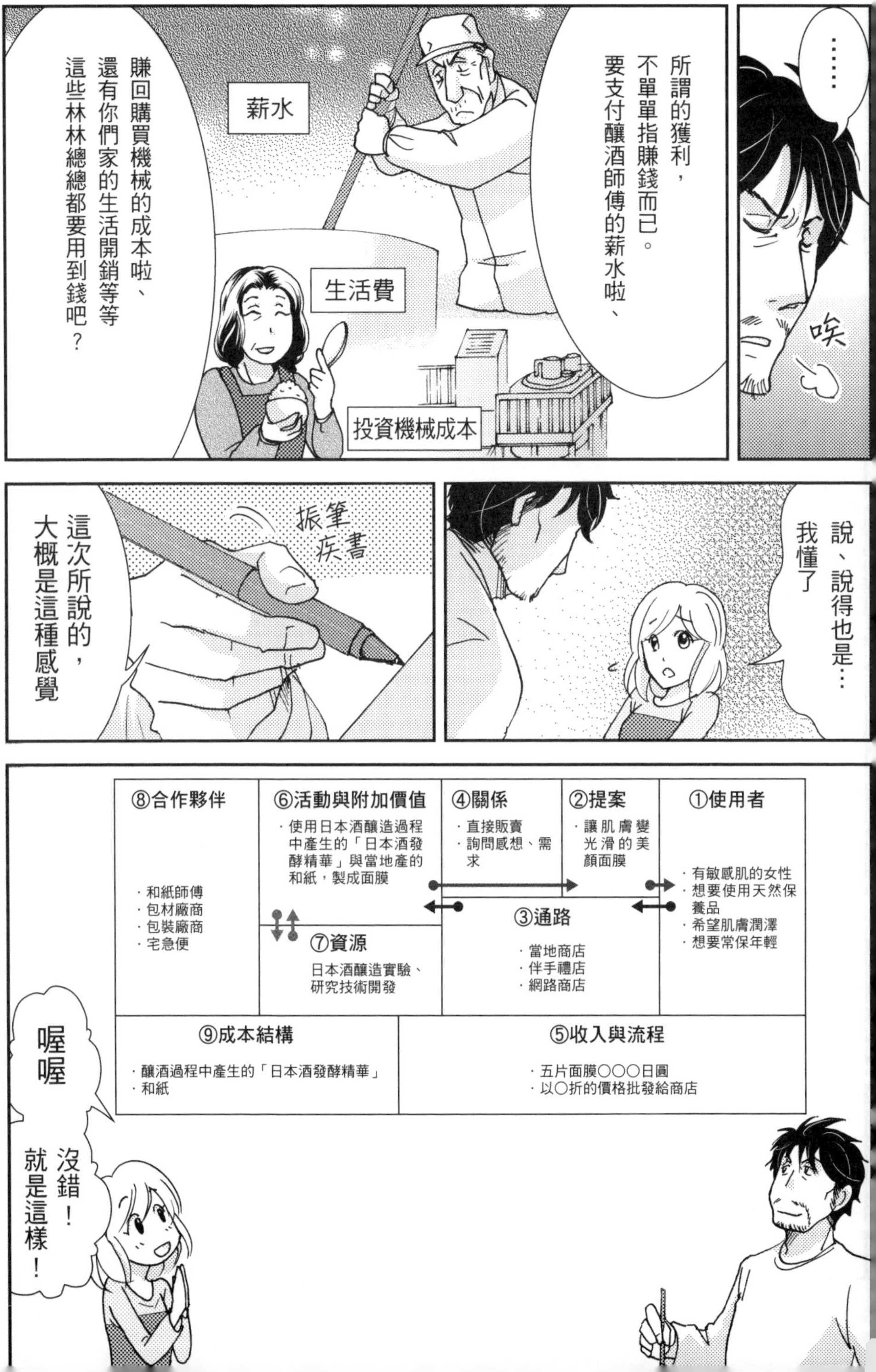

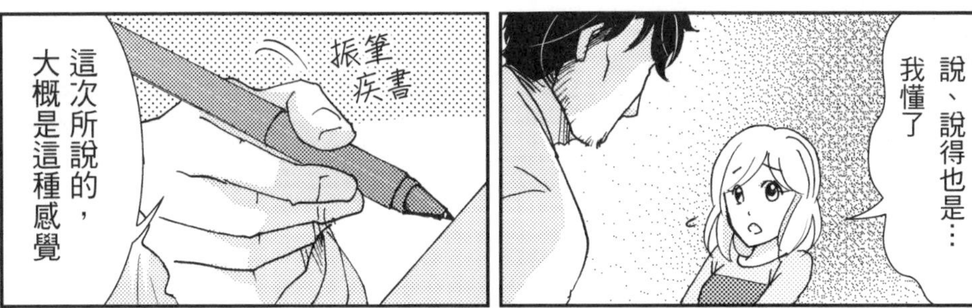

⑧合作夥伴	⑥活動與附加價值	④關係	②提案	①使用者
・和紙師傅 ・包材廠商 ・包裝廠商 ・宅急便	・使用日本酒釀造過程中產生的「日本酒發酵精華」與當地產的和紙，製成面膜	・直接販賣 ・詢問感想、需求	・讓肌膚變光滑的美顏面膜	・有敏感肌的女性 ・想要使用天然保養品 ・希望肌膚潤澤 ・想要常保年輕
	⑦資源	③通路		
	日本酒釀造實驗、研究技術開發	・當地商店 ・伴手禮店 ・網路商店		

⑨成本結構	⑤收入與流程
・釀酒過程中產生的「日本酒發酵精華」 ・和紙	・五片面膜○○○日圓 ・以○折的價格批發給商店

喔喔

沒錯！就是這樣！

還有最後一點，就是妳要提供給顧客什麼樣的價值？
顧客如果購買妳的商品來用能獲得什麼樣的價值呢？

唔……
這個嘛…

「為充滿壓力的現代社會女性的肌膚帶來活力」怎麼樣？
握拳
嗯？

好，接下來，我們就把前面提出的事業概念要素列出來，並試著將這五件事情用一句話來表示

我想想
「帶來光滑美肌的日本酒發酵精華」？

和紙去哪裡了？
那、那…
「帶來光滑美肌、富含日本酒發酵精華的和紙面膜」如何呢？
閃一亮
帶來光滑美肌、富含日本酒發酵精華的和紙面膜
嗯，雖然有點長，不過意思有表達出來了，就先這樣吧，之後如果有想到更好的再把這個換掉

當然有必要

事業理念

所謂的事業理念就是

為什麼要進行這項事業的根本理念

事業的根本

事業的存在價值

沒有理念的事業可以說只是在賺錢而已

在一開始啟動新事業時，就要先想好這個事業能為顧客、社會帶來什麼貢獻

剛才的事業概念不行嗎？
事業理念最好從對顧客與社會的貢獻著眼，清楚地強調出來

那麼，「為女性的美容帶來貢獻」如何呢？
只有女性？只有美容？

那換成「奉獻於人類的美容與健康」怎麼樣？
還不錯，用這種宏觀的視野掌握比較好

那麼
接下來是事業願景

事業理念與事業願景有什麼不同呢？

理念表達的是價值觀，
願景表達的是未來圖像
理念
價值觀
未來圖像
願景

換句話說，
就是想要根據事業理念
實現什麼樣的未來
妳想要透過這個事業
實現什麼樣的未來呢？

「顧客的美容與健康」與
「地域活化」這兩個…
透過什麼樣的
方式呢？
「活用傳統
天然素材的優點」
…吧
把剛剛說的這些融合在一起，
會變成什麼樣子？

「活用傳統素材的優點，
奉獻於美容與健康，
以領導地域活化為目標」嗎？
變成一個
龐大的計畫了…
怎麼辦
但是，也只能著手進行了
我真的可以辦到嗎？
好擔心…

01 確立提案背景

▼提案的型態有四種

以小篠在第65頁質問碧「為什麼妳想做這項事業呢？」做為開端，碧的理想逐漸化為具體的文字。

「提案背景」指的是提案人為什麼會提出這個事業計畫，也就是「理想」的部分。一個人想要開展新事業的意志背後，都有著某種理想吧。

小篠為碧解釋了她的理想，而這個解釋就是以「提案背景」的四個大致分類做為基礎。我們可以利用這四個大方向來對照檢核所想出的提案內容主旨，並記錄下來。

不過，書寫的時候也不需要太分析性的解釋。這邊所提的四個分類也只不過是將我們一般所認知的動機做個整理而已。即便是這樣，如果能事先掌握提案背景有這幾種類型，也能當做一個參考。

（1）問題意識型

第一種類型是闡述提案者的問題意識。也就是指出現狀的問題點，並試著想辦法解決的類型。舉例來說，針對化妝品業界的現狀，提出「現在的化妝品含有各式各樣的化學物質，對肌膚不太好。我希望使用更加天然的原料，來達到保養肌膚的效果」的主張，就屬於問題意識型。

（2）理念・使命型

這是闡述理想的類型，也就是希望透過這項事業，為社會與顧客帶來某種貢獻。故事中，「希望留下歷史悠久的酒坊」、「想讓寂寥的小鎮活起來」等，即屬於這種類型。

（3）實現手段型

以訴求實現手段為主的方式。譬如，「我想到一個好的提供商品、服務的方法，只要這樣做，就可以怎樣」，或是「這樣做的話就能變得更便利，所以要推廣到社會上」等等，都屬於這類。電視購物、電子商務、宅配業務等，都是這種實現手段的要素很強烈的例子。

（4）描繪將來願景型

也就是「希望能實現這樣的未來」、「想要透過這項事業帶給顧客喜悅」等等。譬如，「使用風力這種自然能源，提供大部分的家庭用電，達到非核家園」、或是「希望打造一台能夠自動判斷道路狀況自動駕駛的汽車」等，都屬於描繪將來願景型的例子。

▼提案背景不只一種

以上介紹了四種類型，但提案背景不一定只符合其中一種。有一些提案，也綜合了多項要素。

重要的是整理好自己的想法，以便確實對他人說明你想提出這項事業計畫的緣由。

小篠在故事中也指出，提案背景不能只用口語描述，也必須以書面用語寫成關鍵字，才容易傳達給他人。此外，以文字方式寫出自己的決心，也具有堅定意志的作用。

「提案背景」有多重要，只要試著想像沒有「提案背景」會發生什麼事就能明白。假設碧正在向她期望的合作對象，說明她想開展的這項新事業。這些人包括提供材料的人、委託製作商品的人，還有因為資金不足、她希望能夠提供資金援助的人。

這時，他們起先會怎麼想呢？

「小碧為什麼說出這些話？」、「她到底想做什麼？」、「她只要在父親去世後，繼承這間酒坊不就好了嗎？」等等。他們會一邊聽著說明，一邊在心裡發出各種疑問。

這些疑問一開始沒有獲得解答，一般人就很難認真聽後面的內容了。接著在聽完說明之後，想必會在問答時間又回過頭來詢問「妳為什麼想做這樣的事業？」這個最根本的問題。

如果一項事業只是看似能賺錢，人們不會提供協助，所以必須事先好好確立清楚「提案背景」。

圖2-01 提案背景

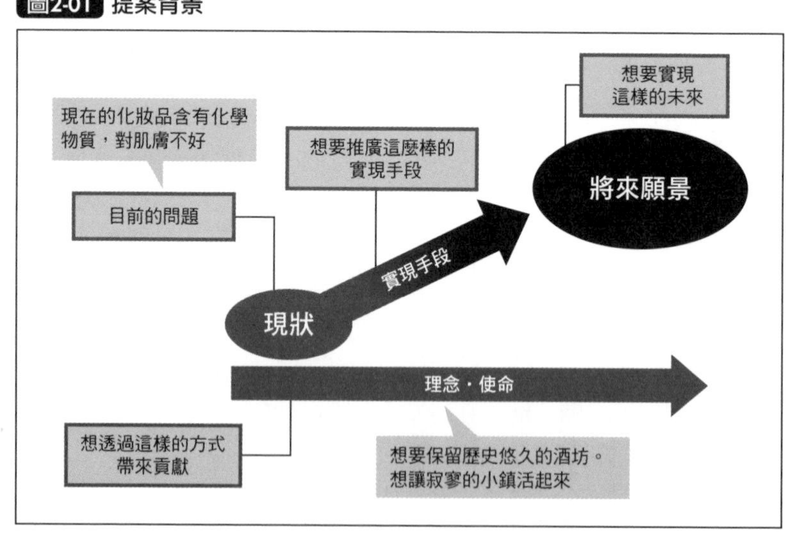

02 為什麼自己要做這項事業？

▼**誰來提案大不同**

說明完提案背景之後，接下來就是提案者的簡歷。有些人會覺得，只要事業計畫書的內容寫得紮實，無論誰來提案都一樣吧？但實際上並非如此。舉例來說，在這個故事當中，由主角碧來提案是有意義的。除了碧之外，無論是由釀酒師傅鶴吉，還是由小篠提案都不合理。只有在父親去世後、繼承事業的酒坊長女——碧來提案最適合。所以，在事業計畫書當中，必須看見提案者的面貌。

提案者的簡歷中，最重要的一點是，這位提案者是否為適合提出這項事業計畫的人。舉例來說，提出保養品事業計畫案的人必須了解化妝品；專為家中有幼兒的父母設計的服務業計畫，提案人也必須有育兒經驗，或是具備適合提出這項計畫案的特質。故事中的提案人因為是酒坊的長女碧，所以這點沒有問題。

另一個重點是，提案者是否具備成功經驗。因為提出的是一個新事業的計畫，如果過去沒有成功的經驗，就會讓人質疑「這個人行嗎？」舉例來說，各位認為下面的這段自我介紹如何呢？

「我剛進公司時，原本申請進入業務部門，卻被分派到製造部門，在不得已之下，開始從事協調製造的工作。過了一年之後，我得知公司為了成立新事業，正在招募新事業的負

由我來提案的意義是什麼？

責人，因此立刻前去應徵，並在面試之後得到錄取。我歡欣鼓舞地接受這份工作，從零開始開拓新事業的客戶。那時公司內還沒有開拓相關領域事業的經驗，所以我自己買了教人寫提案書的書籍閱讀，並照著書中步驟製作出來，與上司一起去跑業務。我們在遭到多次的拒絕之後，終於有客戶願意下單，我與上司在接到第一份訂單時還高興得一起舉杯慶祝。這次，在公司的本業業績受到市場變動而逐漸下滑之際，我想到了一個新事業的企劃，想在這邊向各位提案。」

如何呢？各位覺不覺得，如果是這個人的話，或許可以成功呢？在自我介紹的時候，能這樣描述成功經驗的話真是不錯！

還有一個重點，就是這個提案是否有想法。提案者對事業的想法深入到什麼程度，非常重要。

舉例來說，假設有一位長年致力於提升身心障礙者職場雇用率、並支援身心障礙者就業的人，想要展開一項服務，這項服務將任用有育兒經驗的女性來提供身心障礙者職業訓練、幫助他們在企業中穩定就業。同時他希望透過這項事業，在增加身心障礙者的受雇人數之外，也能幫助離開過職場的女性重新就職。在這個案例當中，這個人因為曾實際接觸過為現實所困的人們，因此他的提案就比較能說服聽眾。

接著第三點是幹勁。無論想法多好，只要提案者沒有讓人感受到他的幹勁，就無法讓人相信他能夠克服困難。沒有幹勁的提案者，甚至可能因為中途受挫而放棄。尤其是在請他人提供資金的時候，必須讓對方感覺到你有還錢

（還款）的責任感，因此讓人感受到幹勁非常重要。提案時，一定要以開朗、有精神的聲音，滿懷著鬥志說明事業計畫。描述過去靠著衝勁努力的故事也能收到成效。

那麼，主角碧，是否展現出她的①成功經驗、②想法、③幹勁這三項要素呢？的確，她有重振家業的想法，並在小篠的追問下展現出幹勁，但成功經驗的部分就稍微打了個問號。

成功經驗的部分，不一定專指商業上的成功。舉例來說，在學生時代參與社團活動時，擔任隊長或社長，帶領團隊在比賽中獲得優勝、或者達成值得記上一筆的目標也可以。從我長期所見的經驗來看，①發揮領導力的經驗、②達成目標的經驗都是重點。工作上的履歷或學生時代的經歷都無所謂，請試著將能讓人聯想到具體成功事例的經驗始末，寫在簡歷上吧！

圖2-02 提案者的簡歷範例

●簡例

2004年3月	橋大學經營學院畢業
2004年4月	進入東京食品股份有限公司 在千葉工廠總務課負責勞務
2007年	在調味料事業部門的行銷部 擔任宣傳
2011年	因生涯規劃而離職

<信念>嚴以律己，寬以待人
<優點>鍥而不捨，努力不懈
<缺點>有時過於固執
<家人>媽媽跟妹妹
<興趣>旅行、到處吃美食、鋼琴

03 確立事業概念

▼事業概念的基本五要素

所謂的事業概念，就是用一句話說明你的事業是什麼樣的事業，包括事業的特徵都要在這句話裡表達出來。這句話只要能順利表達事業重點即可，但因為大部分的人都不是文案高手，無法輕易想出漂亮的口號，所以我們就從這句話的基本要素來說明。

故事中，小篠針對事業概念所需的5項要素對碧提出問題。

讓我們依序來看。

（1）目標客群是誰

事業必須設定清楚特定的顧客對象，也就是必須挑選出目標客群。故事中的目標客群是「壓力大的現代社會女性」。

（2）商品・服務的特徵是什麼

新商品、新服務都會有「賣點」。事業概念只要表達出這個「賣點」即可。故事中，商品的賣點是「以日本酒發酵精華改善肌膚」。

（3）有什麼獨特性

這個說法有點複雜，換句話說，就是這個事業的強項是什麼。故事中事業的強項是「歷史悠久的酒坊」、以及「當地產的和紙」。獨特性不僅僅是某項明確的技術或方法論，類似「歷史悠久」這種無形的、具有「品牌感」的要素也可以。只不過，必須要能獲得顧客的認

圖2-03 事業概念的要素

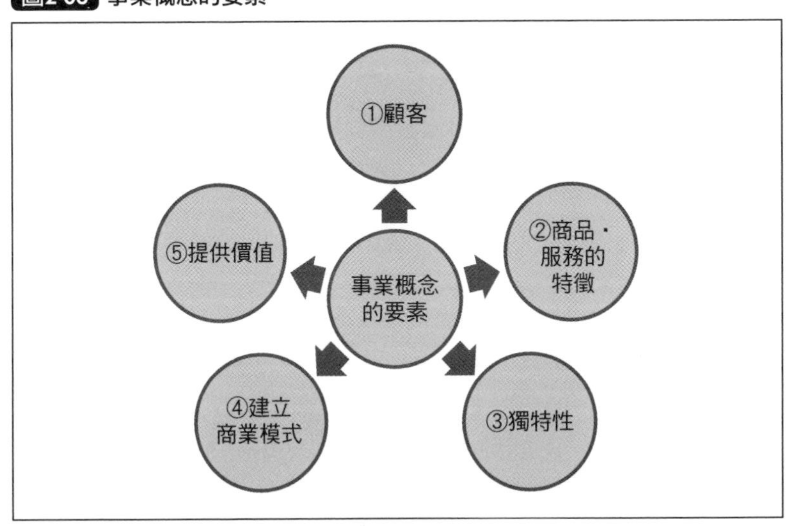

可。

（4）建立商業模式

所謂的商業模式，換句話說就是獲利的機制。公司為了獲得必要的收益，不僅商品的賣出價格與原料的買進價格之間必須要有足夠的利潤空間，這個利潤也必須足以支付公司所花的費用。舉例來說，如果利潤低於公司支出的費用，公司就會虧損。故事中的新事業，必須買進和紙等原料，讓和紙吸滿日本酒發酵精華，再以面膜的形式包裝起來販賣，因此定價如果沒有高於這個過程中各項支出加總起來的費用，商業模式就無法成立。

（5）提供給顧客的價值

我們往往會以為，只要提供商品或服務給顧客，他們就會不知不覺想要這項商品或服務，並且出手購買。但事實並非如此。故事中，碧針對要提供什麼價值給顧客這個問題的回答是「為充滿壓力的現代社會女性的肌膚帶來活力」。顧客不是因為想買面膜而買，而是想讓自己的肌膚變得活力光采。所以在販售自己公司的商品或服務時，一定不能忘記想帶給顧客的價值。

把上述這些與事業概念有關的五個要素擺在一起看，就能浮現出一句話，故事中的這句話是「帶來光滑美肌，富含日本酒發酵精華的和紙面膜」，雖然有點長，但不需要一開始就想出像廣告標語那樣完美的句子，首先應該注意的是表現是否精確。

在事業概念方面，還有其他各位也知道的例子，譬如：「開店費便宜、店家數量多的電子商務模式」（樂天）、或是「多人共享一輛車，降低保養費的服務」（汽車共享服務）等等。

圖2-04 事業概念的例子

事業概念　帶來光滑美肌，富含日本酒發酵精華的和紙面膜

說明

- 大家從以前就常說，酒坊老闆娘的皮膚特別好、釀酒師傅的手光滑細緻。而近年來的研究成果顯示，這是因為日本酒中所含的胺基酸成分發揮功效。
- 在我小的時候，附近的孩子也一直稱讚我「皮膚好光滑啊」。但去了都市之後，光滑的肌膚就消失了，這是我第一次體認到日本酒精華的功效。
- 我的老家是酒坊，從江戶時代就致力於釀造當地人喜愛的清酒，但很可惜的是父親驟逝，我家也失去繼承人。
- 身為長女的我，雖然對釀酒一竅不通，但在從以前就幫我家釀酒的師傅協助下，勉強能試著將這座傳統酒坊延續下去。
- 我雖然身為女性，但已經下定決心要繼承這座酒坊。
- 而我想好好利用身為女性的優勢，運用日本酒的傑出功效，為社會上的女性帶來貢獻，因此開發了富含「日本酒發酵精華」的面膜。
- 吸滿發酵精華的面膜紙是用當地的和紙，美肌效果非常好。
- 我想為充滿壓力的現代社會女性的肌膚帶來活力。
- 我抱著這樣的想法，著手將構想商品化、事業化。

04 建立商業模式

▼用九個要素建立模式

商業模式就是賺錢的計畫。接下來介紹亞歷山大・奧斯瓦爾德（Alexander Osterwalder）提出的、用九個要素表達商業模式的方法。

（1）使用者

顧客是誰？有什麼樣的需求？以故事中的例子來說，訴求的對象就是肌膚敏感的女性、以及有改善肌膚需求的人。

（2）提案

指的是如何對使用者提案，而這個提案必須是對顧客有利的提案。以碧為例，她的提案就是「讓肌膚光滑的美顏面膜」。

（3）通路

指的是透過什麼樣的管道，將商品與服務提供給顧客。故事中設定的三種通路，分別是當地商店、伴手禮店、網路商店。

（4）關係

指的是與顧客建立什麼樣的關係，該如何維持。買賣最重要的就是回頭客，所以必須在與顧客建立關係方面下工夫。碧的情況是，透過直接販賣的方式詢問顧客的感想與需求，以協助商品改良。

（5）收入與流程

指的是顧客以何種方式支付商品與服務的費用。以碧的情況為例，面膜五片一包，零售

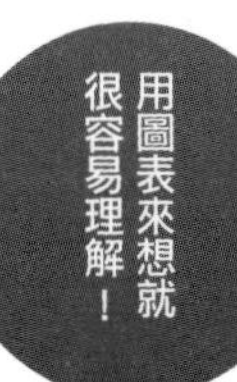

價1500日圓，商店進貨可打七折。

（6）活動與附加價值

指的是做為事業主體的公司，透過何種活動為產品帶來附加價值。故事中，是將從日本酒坊取得的「日本酒發酵精華」和當地特產的和紙結合，做成面膜。

（7）資源

指的是事業主體具有哪些資源（經營資源），以故事中的例子來說，就是日本酒釀造技術、將釀酒精華運用在保養品上的實驗與研究、以及新商品的開發技術等。

（8）合作夥伴

指的是原料製造商，以及受委託的外包廠商等事業協力者。故事中的合作夥伴便是製作和紙的人、以及委外製造保養品的廠商。

（9）成本結構

收支失衡就賺不到錢，因此原料費與加工費等所有成本，必須控制在適當範圍。

圖2-05 商業模式圖

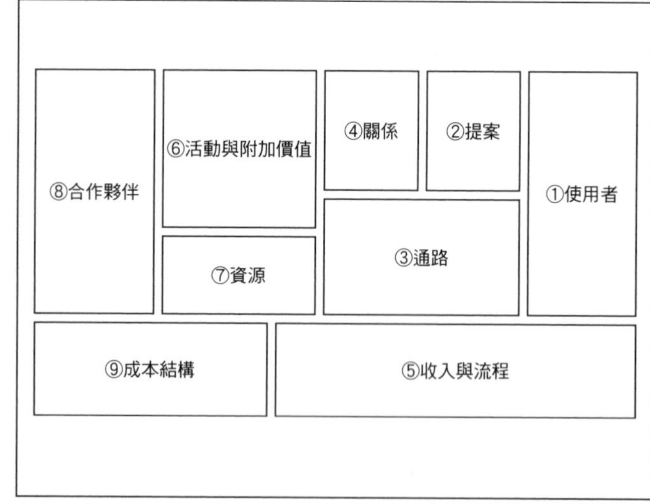

05 決定事業理念與事業願景

常有人說，「獲利是結果，不是目的」。的確，事業如果不能獲利固然無法持續，但若只是一味地追求利益，便可能走偏、做出不正當的行為。所以，請提出明確的事業理念，並在此基礎上，持續追求事業設立之初所抱持的信念。

▼找出創立新事業的根本理念

我想，各位也曾在公司中的執行長辦公室或會議室，看過高掛在牆上的社訓或經營理念等等。事業理念原本就是創業者或制定理念的經營者所決定的經營基礎。曾經有位美國研究者，針對長期昌隆不衰的企業與相反的企業進

▼展現事業的使命與價值觀

所謂的事業理念，指的是執行事業的使命、以及經營事業上最重要的價值觀，也就是事業運作的基礎。譬如：「想讓人們從疾病與痛苦中解放出來」而開發出藥物、「想讓社會更便利」而開發出網路購物、「想提供一個加深彼此羈絆的場所」而成為承攬周年活動的事業等等。換句話說，所謂事業的使命，就是描述你想要透過這項事業帶給社會什麼樣的貢獻。企業理念是整個企業的經營理念；而事業理念，就是從事該項事業時所抱持的價值。

故事中的事業理念，是「奉獻於人類的美容與健康」。

圖2-06 事業理念與事業願景

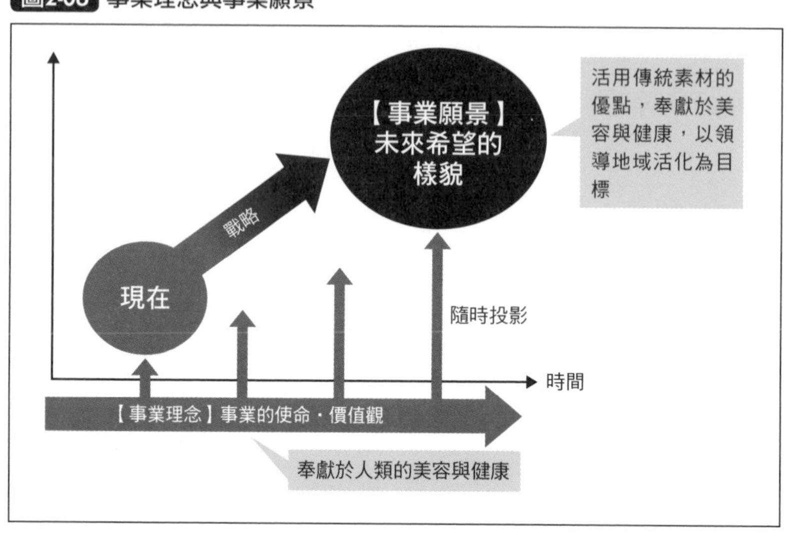

行分析比較後，發現兩者之間最大的不同，就是有沒有重視這個理念。所以，不要把事業理念當成一個口號，而是要隨時在想法中注入事業理念，並且好好珍惜。

我建議各位在製作事業計畫書時，回到原點思考「究竟自己想透過什麼樣的事業為社會帶來貢獻」，再依此設定事業理念。

事業理念不會頻繁改變，所以請挑選一個即使事業已經開始一段時間，也不需要大幅變動、簡單的語句。

▼事業願景是什麼？

相對於事業理念，還有另一個稱為事業願景的要素。有些人或許會覺得這兩者很像，但兩者之間有明確的差異點，我們就先來定義清楚。

所謂的事業願景，表達的是在事業理念的基礎之

圖2-07 事業理念與事業願景的例子

事業理念

- **奉獻於人類的美容與健康**
  - 常保年輕與健康，是所有女性的夢想。
  - 現在已經知道我們家代代相傳、古法釀造的日本酒，具有滋潤肌膚、讓肌膚光滑的效果。
  - 我們不僅希望各位享受飲酒的樂趣，也希望能對各位的美容與健康有所貢獻。
  - 現代人壽命延長，我們希望能夠幫助大家常保青春。

事業願景

- **活用傳統素材的優點，奉獻於美容與健康，以領導地域活化為目標**
  - 我們活用從江戶時代流傳至今的傳統日本酒素材，除了獲得當地民眾長期喜愛之外，也希望能將事業多角化，或多或少對地域活化帶來幫助。

上，我們期望這個事業過了幾年後將變成的樣子。換句話說，就是事業的未來圖像。

故事中的事業願景是「活用傳統素材的優點，奉獻於美容與健康，以領導地域活化為目標」。碧原本只是想使用日本酒的發酵精華製作面膜來販賣，後來這件事卻變得愈來愈大，不過這樣很好。如果不讓人覺得「這是個大事業」，就不會有合作者出現。就像如果只是抱持著「我想到了一個點子，就姑且試著做出『某種商品』」的這種輕率態度，會出現願意出錢、協助的人嗎？想必別人會無視於你的計畫，認為這不過是「你想到什麼就做什麼」吧！

要有遠大的理想，別人才會靠過來，也才會出現合作對象。而對自己來說，策劃一個「大事業」，也才能激起自己的使命感吧！

表現未來圖像的方法有三種：

（1）用關鍵字表現

使用簡短的關鍵字表現。舉例來說，「地域振興的領導者」、或「日本第一的拉麵連鎖店」等表達外部評價或地位的語彙。這是事業願景一般採用的表現形式，故事中使用的句子，也屬於這一類。

（2）用定量的目標表現

指的是「五年後營收十億日圓」或「業界市占率第一」等、使用數字表現的目標。以數字來表現的方法，好處是容易記住、容易展現出規模感、簡單就知道有沒有可能達成。這是最常使用的表現方法。（1）與（2）都是常用的方法，但有一個問題，就是很難給人具體的想像。所謂具體的想像，就是讓人在聽到口號時，腦中立刻浮現出畫面。缺乏具體想像，就很難讓人產生共鳴。

（3）描繪出達成願景後的具體圖像、感覺或情感

這時需要的就是第三種方法，也就是用具體想像、感覺或情感來表現想要達成的未來圖像。舉例來說，如果成為日本第一的拉麵連鎖店，車站前面一定能夠看到其分店；或是只要一提到店名，沒有人不知道；跟朋友說自己在那裡工作，對方就會回答：「我以前常在你公司吃午餐喔！」或者「那間店便宜又好吃！」，讓你聽了很開心等等。這些都是能夠讓人產生具體想像、感覺或情感連結的表現。

我們也會利用「願景故事」來傳達這些具體想像、感覺或感情。所謂的「願景故事」，就是將未來圖像以故事的形式表現，是一種類似「未來想像圖」的東西。本書將在ＳＴＥＰ４（第１４２頁）介紹願景故事。

檢證商品與服務

STORY 3 要賣什麼商品，要賣給誰？

發呆～～
小碧，妳怎麼了？看起來不太高興
拿去 久等了
因為，鶴叔堅持說「我反對這件事！」
媽媽又光顧著擔心「做這種事情，不會背上一屁股債吧？」
妹妹真澄則說「姊姊，妳不要勉強自己比較好吧？」
STORY 3
要賣什麼商品，又要賣給誰？
根本沒有人願意支持我
嗚哇 我要開動了～
你好～
埋頭猛吃
歡迎光臨～
擺出那樣的臉 福神也會被妳嚇跑喔
但是，大家都那個樣子
你知道為什麼大家都擺出那種態度嗎？
簡單來說 他們就只是要反對我想做的事吧！

大家都說「一定會失敗的，還是不要吧！」「事情沒有你想的那麼簡單」

但是，我無論如何都想做，只好相信自己硬幹

結果那個事業失敗了

我後來才知道，事業之所以會失敗是因為沒有得到大家的協助

所以在我著手下一項事業的時候，即使周圍的人覺得很煩我也會堅持說明到他們至少能理解為止

對投資者也是

投資者？

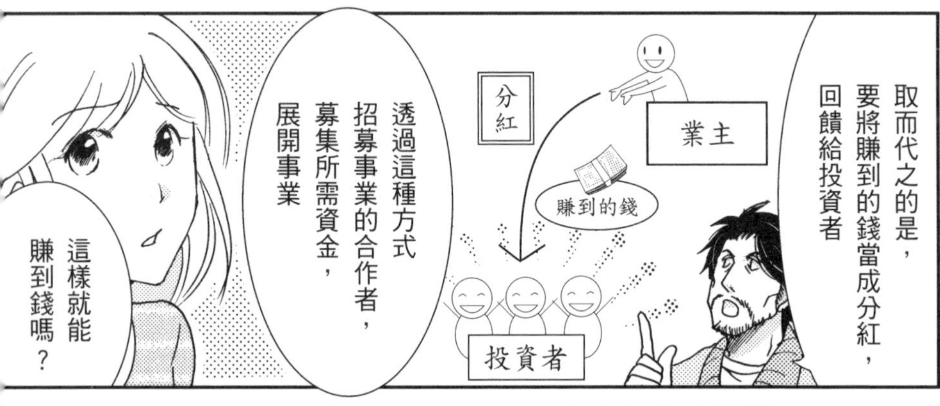

我拿水來了

謝謝

對了……更重要的是，妳現在遇到的問題

嚇

大家都因為覺得有風險而退縮

但是，世界上沒有無風險的事業 任何事業都是有風險的

即使是
歷史悠久的酒廠，
如果沒有繼承人
也會倒閉吧？
換句話說，
重點就在於妳能
將風險
控制到哪個程度
如果想要降低風險，
這個階段所能採取的
最佳策略，就是
好好製作事業計畫書
事業
計畫書…
唔嗯嗯…

周圍的人反對
是常有的事
但如果以此做為自己
缺乏幹勁的藉口
就不配稱做一個創業家
妳必須將自己體內
旺盛的熱情
當成向前邁進的動力，
並且說服周圍的人，
讓他們加入妳的事業

為了達到這個目的，
需要一份讓周圍的人
「想要參與合作」的計畫。
而妳就是要做出
這份計畫的人！

接著進入今天的主題

今天的主題是

這個

①目標客群與需求
②市場規模
③販賣的商品與服務
④競爭優勢

唔…

又是聽起來很難的東西

妳說什麼？

啊，沒事沒事

那、那麼就麻煩你了

很好

我一定要讓
當地人使用
這樣她們就能了解
商品有多好

那當地的女性
有什麼樣的需求呢？
應該還是
「保養手部與
臉部的肌膚」吧
譬如「不希望肌膚乾裂」
之類的

這跟年齡
有關係嗎？
我覺得每位
20歲以上的
女性都有這個需求
不過中年女性的需求
或許特別強烈

接著，
第二個目標客群呢？

除了當地之外，
還是以都會為主吧
有敏感肌…
的女性
這樣的女性比想像得多，
東京的朋友當中
有很多人有
這樣的煩惱

那麼，日本全國有敏感肌的女性有多少人？
什麼！？這個…我不知道
怎麼會不知道？
這種事情可以查啊，網路上就有統計資料了
妳有電腦吧？只要以「敏感肌」「人數」什麼的當成關鍵字搜尋就好啦，
如果還是找不到，可以用估算的，譬如調查自己周邊有敏感肌女性的比例，再乘上日本全國的女性人口，就能得到一個參考值吧？
Moogle
敏感肌　人數
咦，這樣做好嗎？
我指的是找不到其他資料的時候
如果可以，最好還是使用搜尋到的資料只是如果有多個不同出處的資料可以交叉比對更好
假設妳現在知道人數了，那她們的需求是什麼呢？
「想要有健康的肌膚」吧

伴手禮

那麼，第三種目標客群呢？

觀光客也是有可能的，以需求來說，跟第二種目標客群相同，應該是有輕度異位性皮膚炎或敏感肌的人吧

如果能讓症狀嚴重的人不再煩惱，那就太好了

1.當地的女性

『想要保養臉部與手部的肌膚』
『不希望肌膚乾裂』

2.有敏感肌的女性

『想要維持肌膚健康』

3.異位性皮膚炎等
有重度敏感肌的人

『想從嚴重的肌膚乾裂中解脫』

他們的需求應該是「想從嚴重的肌膚乾裂中解脫」吧

三種客群與需求

接下來的市場規模一開始也是使用網路上搜尋到的資料

依照不同客群，以購買者人數×商品單價×每月購買數量×12個月等計算出金額

購買者人數×商品單價×每月購買數量×12個月＝金額

久等了～

謝謝

好的，但這樣算出來的金額沒問題吧？

這頂多只是
參考值而已
呼呼
接著是
主要販賣的
商品與服務
也就是思考
商品的陣容
商品陣容
嗯
主要商品是
以吸收日本酒發酵
精華的
和紙製成的面膜
考慮到要提供給
當地女性使用
一下子就叫她們用面膜
門檻太高了，
所以我想，從容易入門的
化妝水開始應該不錯。
還有，如果要用在手上，
還是乳霜比較好吧
所以，
就從這3種商品
開始？
嗯嗯，
我認為一開始
以臉部跟手部為主就可以了，
如果是化妝水跟乳霜的話，
也可以用來保養其他部位
那麼，
妳想賣多少錢呢？
我還沒有仔細思考過價錢，
但我希望盡可能平價
如果能賣1000日圓～
1500日圓的話應該不錯

成本呢？
嚥嚕
咦!?
成本？？？

就是製造那個商品
需要多少錢

這，
我還不知道
但做為日本酒的
副產品
應該花不了多少錢吧？

先算算看
成本比較好喔
不過，
現在還不是
深究這點的階段，
先看下一項吧
嚥嚕
嚥嚕

競爭對手呢？
啊，
對了對了，
前一陣子你不是叫我
在網路上調查
競爭商品或類似商品

我查了之後，發現有類似商品
翻翻

啪沙
就是這個。我列印出來了

原來如此
已經有很大的酒廠在做了啊
就是這樣

而且商品還很像
這樣不是在品牌上就輸了嗎？

怎麼能在做之前就先認輸呢！
但是…那該怎麼辦才好呢？

妳試過了嗎？

瞪

沒，還沒…

無論商品多好，都必須試過後有好的結果佐證
如果試用結果確實不錯，不也是很好的宣傳嗎？

哎

立刻去試！
馬上！

呼—

好、好的！

01 決定目標客群

▼為什麼要先決定目標客群？

讓商品、服務具體化的方法有兩種，一種是先設定目標客群，再鎖定商品或服務；另一種是先鎖定商品或服務，再依此找出目標客群。這兩種方法，哪一種能讓事業順利進行呢？

答案是，先設定目標客群。

因為購買商品或服務的是顧客，他們不會購買不符合自己需求的商品或服務。沉醉在自己點子中的人，往往會因為反向操作而失敗，並且感嘆「這麼好的商品，為什麼賣不掉呢？」

為了避免發生這種情況，就要先決定目標客群。

▼決定目標客群的方法

決定目標客群的方法有幾種，代表性的分類標準如下。

- ●性別
- ●年齡層
- ●家庭組成
- ●所得（年收入）
- ●職業
- ●興趣

這種分類方式稱為市場區隔（market segmentation，將市場細分的意思）。

區隔市場時不只可以從一個項目切入，也可以將兩、三個項目組合在一起使用。譬

如，「30幾歲的女性」，或「40幾歲，年收入1000萬日圓以上，喜歡運動的男性」等都是組合在一起使用的例子。

▼讓客群有拓展的空間

請使用這個市場區隔的方法，來設定目標客群。

故事中，設定了三個目標客群。

(1)當地的女性

故事中的事業不僅具有地方酒坊這個地域性，也提出了「地域活化」這個事業願景，因此自然要以當地的女性為中心。此外，當地女性使用後的口碑，也能讓自己對商品產生信心，因此先請當地女性使用看看應該很不錯。而當地女性的需求是「想要保養臉部與手部的肌膚」、「不希望肌膚乾裂」。

圖3-01 市場區隔的例子

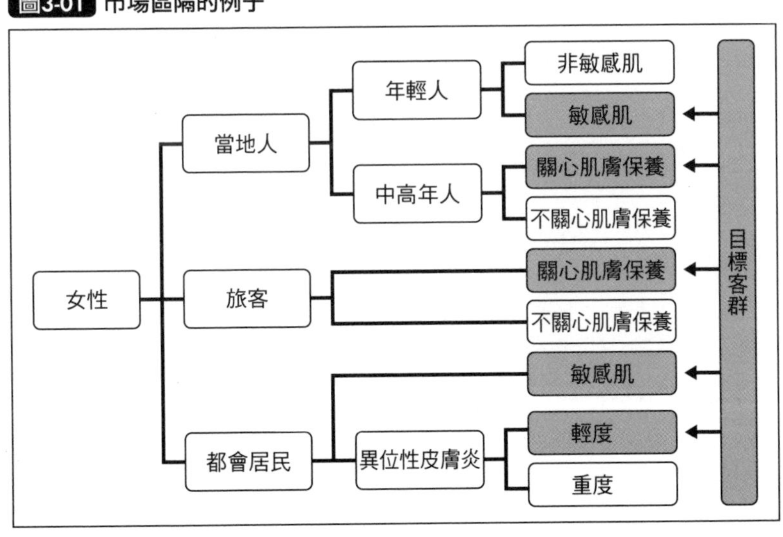

（2）有敏感肌的女性

第二個目標客群則一口氣從地方擴大為全國。她們的需求是「想要維持肌膚健康」。像這樣，盡可能地以顧客的語言表現顧客的需求，更具有真實感。

（3）患有輕度異位性皮膚炎等肌膚乾裂程度較嚴重的人

這些人也可說是（2）的一部分，但因為症狀稍微嚴重一點，所以可視為不同客群。如果商品剛好能夠對症下藥，他們甚至可能成為重度使用者，商品的好評也很有可能在有相同煩惱的社群中流傳開來。他們的需求是「想從嚴重的肌膚乾裂中解脫」。

設定三個目標客群的理由，是為了讓客群有拓展的空間。

第一個目標客群，設定為在事業開始之初，能夠確實成為顧客的人。隨著事業擴大，再逐漸拓展目標客群。透過這樣的方式，就能謀求事業的成長。

圖3-02 目標客群的歸納範例

目標客群	客群A	客群B	客群C
簡介	當地的女性	敏感肌的女性（廣義）	重度敏感肌（狹義）
顧客人數	1,000人	約600萬人	約60萬人
需求	想要輕鬆保養肌膚	想使用天然素材滋潤肌膚	想透過保養品避免肌膚乾裂
其他	首先請當地女性使用，讓她們實際體驗商品的優點，再以此為基礎拓展客群		

02 分析事業的外部狀況

估算事業規模

故事中，小篠質問碧：「日本全國有敏感肌的女性有多少人？」雖然突然這樣問讓碧驚慌失措，但如同小篠所說，可以透過網路搜尋，也可以藉由推算掌握一定程度的顧客數量與市場規模。所謂市場規模，指的是所有目標客群一年購買的商品金額或數量。以保養品為例，就是年銷售量或年銷售額。

計算市場規模的方式，大致來說有兩種。第一種是調查相關統計，從統計數值來估算。只要做為計算基礎的統計數字正確，且計算無誤，就能夠算出妥當的數值。

費米推論法是什麼？

另一個方法是這次故事中介紹的，不需要用到統計資料的初步推算法。一般稱為費米推論法（Fermi estimation）。由於物理學家恩理科・費米（Enrico Fermi）經常使用這種方法，而在科學界廣為流傳。在一開始就沒有統計數字的情況下，只要設定幾個預設條件，就能利用這個方法推測出雖不中亦不遠的答案。故事中使用的是以購買人數×商品單價×每月購買數×十二個月的計算方式。

正確的市場規模雖然可在之後透過調查精算，但在事業草創階段，活用費米推論法來估算「市場規模到底能夠發展到什麼程度」會方

便許多。

我建議各位在推測市場規模時，可以參考多個資料來源，或使用多種推測方式進行驗證。因為如果只有一個資料來源，其調查範圍與可信度有限，很難讓人完全信賴。

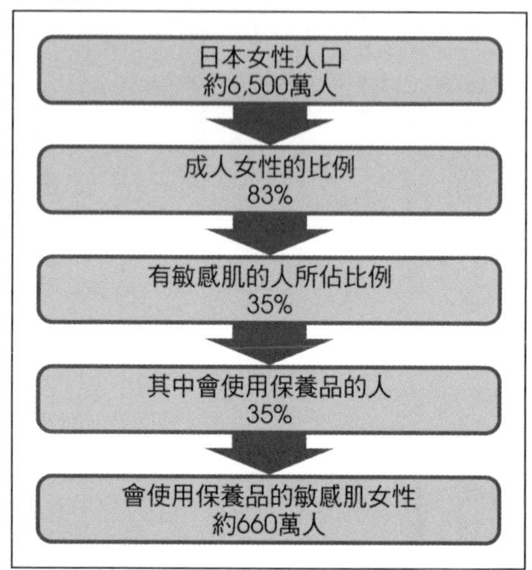

圖3-03 費米推論法的例子

▼從市場規模到事業規模的推測

事業規模是從市場規模的角度評估，由新事業有機會在市場上取得多大的市占率來進行推測。網路事業更可以一口氣拓展到全國（在某些情況下，甚至也能拓展到全世界），因此可以藉由推測在實際市場規模當中，有多少的比例是透過網路購物，而在網路購物中，新事業又能獲得多少市占率來估算出事業規模。

透過這種方式計算出來的事業規模如果太小，譬如日本全國每年只有一億日圓的需求，就必須重新檢討目標客群、商品或服務的內容，以擴大事業規模。故事中的事業，似乎是具有數百億日圓規模的市場，是市場規模很不錯的事業對象。

相反的，如果對象市場規模過大，就必須考慮將市場區隔再分得更細一點。因為如果市場真的這麼大，早就存在提供這項商品與服務的大型廠商了。一開始就與這些大型廠商競爭的話很難有勝算。如果還沒有大型廠商參與這項事業，代表這將是個相當劃時代的商品，但也可能是計算出來的市場規模只是理論上推算的結果，實際上要觸及整體市場根本沒那麼容易。譬如，沉睡在全國家庭中，那些閒置物品的金額與數量就是很好的例子。我想各位只要想像自己家中用不到的東西，就能掌握這樣的概念。這些東西的數量與金額非常龐大吧？但是，有什麼途徑可以讓這些東西再被利用呢？換句話說，要怎麼做才能讓大家把家中用不到的東西拿出來，其實這並沒有一個簡單而有效的方法。但如果我們把對象商品限縮到二手書或二手衣，是否就比較容易處理呢？舉例來說，透過宅急便將二手書送到收購中心就能賣掉，或是在車站等人潮多的地方開設收購、販賣二手衣的商店，這樣買賣就能成立。這些都是縮小對象商品的範圍，將市場區隔分得更細的例子。

圖3-04 整理市場與其規模的範例

市場	規模（金額・數量）	特徵
整個國內市場	600億日圓	
市場區隔1	約100億日圓	狹義的敏感肌（異位性皮膚炎等）
市場區隔2	約500億日圓	廣義的敏感肌（肌膚容易乾裂等）

03

找出真正的需求

▼顯性需求與隱性需求

決定目標客群與目標市場之後，接下來就要推測目標客群的顯性需求與隱性需求。

顯性需求與隱性需求，可透過顧客是否將需求展現出來進行區分。舉例來說，旭川的旭山動物園因為獨特的動物行動展示而大受好評，甚至出現排隊的人龍。後來，同樣的行動展示也普及到日本全國。從前，大家提到動物園，想到的都是觀察柵欄中靜靜發呆的動物，但自從知道原來在動物園可以看見活潑的動物生態後，大家都想在動物園看到這樣的景象。這可說是將沉睡在遊客心中的需求顯性化，並且普及開來的例子。而這樣的需求在旭山動物園推出行動展示之前，都還只是隱性需求。

追求顯性需求好，還是隱性需求好，不可一概而論，但因為顯性需求已經展現出來了，所以比較容易掌握到。相對的，隱性需求需要花時間挖掘，然而一旦成功找出隱性需求，就可能在其他公司無法企及之下獨占市場。

▼碧設定的各目標客群需求

故事中，設定了什麼樣的需求呢？

（1）當地女性

需求是「想要保養臉部與手部的肌膚」、「不希望肌膚乾裂」。

（2）有敏感肌的女性

需求是「想要維持肌膚健康」。顧客的需求，最好像這樣盡可能以顧客的話來表現，以展現真實感。

（3）患有輕度異位性皮膚炎等肌膚乾裂程度較嚴重的人

需求是「想從嚴重的肌膚乾裂中解脫」。

需求有像「想要保養臉部與手部的肌膚」這種籠統、大致的需求，也有像「想要讓中高年女性冬天時乾燥粗糙的雙手得到滋潤」這種鎖定顧客層，甚至是因應不同時期、狀況的具體需求。當然，具體的需求比籠統的需求容易捕捉，所以要盡量以具體的方式掌握顧客需求。

看了到此為止的說明，各位應該可以知道，如果想製作事業計畫書，一定要當面訪談多位相當於目標客群的人，並問出他們的需求。

因為，我們在發想點子的時候常只是憑空想像，也就是假設，或許現實生活中的目標客群根本沒有我們為他們預設的那些需求。

有時候，製作事業計畫書的人在實際訪談目標客群之後，會發現訪談結果得出不同於最初設定的需求。這絕對不是提案者搞不清楚狀況，而是有時候真正的需求就是這樣，「如果不進行訪談，就不會知道」。

圖3-05 顯性需求與隱性需求

顯性需求	隱性需求
●顯露在外的	●隱藏在內的
●存在著既有商品與服務	●不存在既有商品與服務
●事前就擁有想要購買的需求	●看到實品、實際試用才感受到這個需求
●有競爭者／競爭者多	●沒有競爭者／競爭者少
●容易受價格影響	●商品、服務的特色最重要

04 過濾出對手、進行比較

▼首先試著以關鍵字搜尋

無論想從事什麼樣的事業，幾乎都要有市場上一定會有相似商品與服務同時競爭的認知。有些沒有競爭商品的情況稱為藍海，但畢竟是少數。所以各位也一樣，首先是使用關鍵字，在網路上搜尋看看。將各位的事業特色當成關鍵字搜尋之後，想必會出現競爭者。如果沒有找到，說不定是因為這個事業難以實現。搜尋時要有這樣的心理準備。

與競爭者進行比較，不光只是為了豐富事業計畫，而是要有效傳達事業的獨特性與特色，並襯托出自己與眾不同的優勢在哪裡，因此一定要製作對照表。

挑出競爭者後，請填寫如左頁一般的對照表，與其他企業進行比較。

藉由製作對照表，能讓自己事業的優勢與劣勢變得更明確。這麼一來即使起步較其他企業晚，或者規模較小，也應該能夠找出自己的特色與優勢，譬如：商品或服務內容優異、價格便宜等等。

這時的重點是，要從顧客角度來看，列出自己事業的優勢。說到底，出錢的人是顧客，所以必須要將自己能夠吸引顧客的優點呈現出來。故事中，使用和紙、有實驗結果佐證等，都是優勢。

找出顧客看得見的優勢很重要喔！

圖3-06 競爭者與本事業的重要成功要因

	本事業	競品A	競品B
公司名稱	惠那酒造	京屋　福太屋	艷糠美女 JMAM化妝水 （大和盛）
目標客群	敏感肌的女性	敏感肌的女性	敏感肌的女性
需求	希望肌膚柔滑	滋潤肌膚	希望調理出水嫩、紅潤的肌膚
商品・價格	面膜5片 1,500日圓 化妝水100 ml 1,300日圓 乳霜50g 1,200日圓	商品陣容包括臉部清潔液、美容液、化妝水等。 水潤面膜5片裝5,250日圓，價格較高	以泉水與米糠製作的「艷糠美女」系列 120 ml、1,575日圓，價格合理。沒有面膜
販賣方式	直接販賣、當地伴手禮店、網路商店	直接販賣、網路商店、全國酒商	直接販賣、網路商店
宣傳方式	當地商店、觀光客的口耳相傳、雜誌介紹	各種女性雜誌都有介紹	
優勢、劣勢	老舖酒坊、好水、和紙、實驗佐證	京都、從江戶時代至今的老舖酒坊「華正宗」的品牌。 試用組	新潟、「大和盛品牌」、商品陣容
資本額	1,000萬日圓	3,000萬日圓	5億5,000萬日圓
營收	約1億日圓	不明	不明
淨利	300萬日圓	不明	不明
員工數	10名	80名	250名
重要成功要因	老舖、效果、回頭客、透過媒體推廣到全國	京都品牌、商品陣容、媒體報導	酒的知名度、回頭客

05 收集資訊與進行調查

▼透過「調查」讓事業的想法具體化

新事業中充滿了未知的部分，所以要將需要具體化的部分找出來，透過資訊收集或調查取得必要的資訊，讓計畫書的內容變得更明確。

製作如左頁一般的「事業創意內容確認表」，就能清楚看出必須具體化的部分。接著再探討具體化的方法。故事中雖然沒有提到這個部分，但碧也製作了確認表，並進行調查。

具體化的方法大致可分為兩種。第一種是透過自己的思考具體化。譬如提供什麼樣的商品與服務、有哪些功能、使用哪種容器、取什麼樣的名稱等等，都只由自己決定。可以自己思考、自己決定，在某種意義上也是愉快的事情吧！

另一種具體化的方法是調查，這個方法還可以再細分成幾種不同的手段。一種是蒐集既有的資訊，但如果找不到需要的資訊，就得自己調查。前者稱為二手資料，後者稱為一手資料。就順序來說，首先應該調查二手資料，如果還有不足、需要親自調查的部分，再著手調查一手資料。

首先透過網路搜尋，調查有沒有你想要的資訊。最近可以在總務省的網站上，找到人口數等政府的統計資料（注：台灣統計數據可至內政部統計處網站查詢）。但請各位記住，資料並非只能在網路上查找。

接著進行文獻調查。所謂的文獻，指的是市占率調查等各種業界的調查報告。

收集到的資料，大致可分為定量資料與定性資料。定量資料指的是人口、營收金額等數值。定性資料，指的則是無法數值化的資料，譬如最近的顧客變得偏好低價等等。考量到製作事業計畫書的需求，能以定量方式掌握的資料，最好還是以定量方式掌握。

至於文獻上也找不到的資料，則必須透過訪談或問卷調查取得。

圖3-07 讓事業內容具體成形的範例

	事業名稱：日本酒發酵精華保養品	具體化程度	具體化的方法
事業化主體	惠那酒造股份有限公司	◎	另外討論是否要成立其他公司
目標客群	當地關心肌膚保養的女性 女性觀光客、有敏感肌的都會女性	○	製作試作品、提供試用
需求	希望肌膚水嫩潤澤	◎	訪談調查、問卷調查
商品、價格	日本酒發酵精華和紙面膜　1,500日圓、同成分化妝水　1,200日圓、同成分乳霜 1,300日圓	△	製作試作品、訪談調查、問卷調查
商業模式	同時評估自家生產或委外生產	△	與委託公司交涉、 計算事業收支
販賣方法	當地的商店、伴手禮店、網路商店	△	向當地商店與伴手禮店確認、 詢問網路商店平台
廣告、宣傳方法	當地口耳相傳、伴手禮店的POP廣告、網路商店方面則在大型網路商店平台上架	△	確認試用者的反應、詢問網路商店平台
競爭	京都的福太郎、新潟的大和盛	○	在網路上訂購確認
優勢、劣勢	江戶時代延續至今的老舖酒坊、好水、和紙	○	根據試用者的反應，決定主打的效果
需要的投資額	未定	△	進行事業收支計算
3年後的營收	未定	△	同上
3年後的經常性獲利	未定	△	同上
投資的回收年數	未定	△	同上

06 假說的檢證與進化

不厭其煩地一邊提出假說進行檢證，一邊往前進吧！

▼一邊檢證假說，一邊深化內容

除了訪談之外，調查也是一邊檢證「應該是這麼一回事吧」的假說，一邊深化內容的過程。

「假說」就是「暫定的理論」，原本是使用在自然科學領域的名詞，但最近在其他領域上也開始廣泛使用。

「檢證」指的則是確認假說是否正確。

假說可以在檢證的過程中變得愈來愈深入。我們順著故事的脈絡來看，碧的心中有一個初步的假說（稱為零次假說），這個假說是：「當地的女性因為必須在田裡與廚房工作，因此會在意手部與肌膚的乾裂。雖然她們為了保養而使用了某款保養品，但或許不滿意這款保養品的效果與安全性。」

她以這個假說為基礎，並訪談了十名以中年女性為主的對象。進行了一定數量的訪談之後，就能得知有機會成為目標客群的人數比重。

她訪談之後，得到了下列資訊：「我長年以來都使用同一款乳霜與化妝水，但沒有什麼效果，因此覺得保養品就是這麼一回事，也不抱什麼期望了。我想其他人應該也差不多，所以很少與別人討論保養品的事情。」「如果有好的產品會想試試看，不過沒什麼機會。」看到這裡，你的腦中應該會浮現這樣的一次假說：「若是如此，就引用『釀酒師傅的手很細緻』這句俗話，問他們如果有日本酒發酵精華製作的乳霜與化妝水，會不會產生興趣呢？」

下次再以這個假說為基礎進行訪談，如下：

「那個點子很有趣呢！有什麼試用品嗎？去你們店裡買得到嗎？如果擺在保養品店賣應該不錯。藥妝店的保養品區如果能夠找到這款商品也不錯呢！」

「你要不要擺在當地的伴手禮店賣？女性觀光客也會買吧？」

結果會像這樣產生具體的策略假說（二次假說）。

新事業就是透過這樣一邊檢證初步的假說，一邊將其深化的過程，以製作出更好的具體企畫。

圖3-08 驗證假說的例子

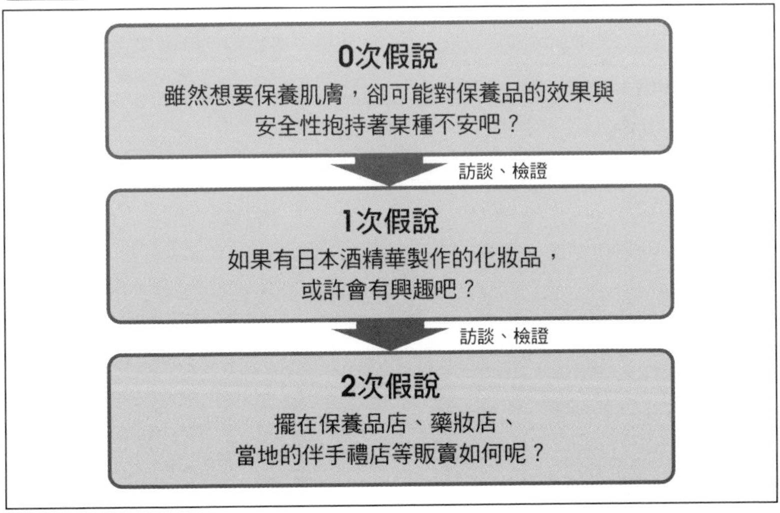

0次假說
雖然想要保養肌膚，卻可能對保養品的效果與安全性抱持著某種不安吧？

↓ 訪談、檢證

1次假說
如果有日本酒精華製作的化妝品，或許會有興趣吧？

↓ 訪談、檢證

2次假說
擺在保養品店、藥妝店、當地的伴手禮店等販賣如何呢？

風險與不安心理

每個人都會對自己不清楚、或第一次接觸的事情抱持著疑慮。故事中鶴叔與母親也是基於不安的心理，而擔心、反對碧的事業構想。

如果只是繼續釀酒還好，但是這個剛從東京回來、還沒什麼經驗的女孩卻說想做保養品來賣。「做這種事沒問題嗎？」無論是誰，心裡都會這麼懷疑吧。如同小篠所說的，這是很自然的反應。

此外，有創立新事業想法的只有碧一個人，碧周圍的人完全不知道她想做什麼、想要怎麼做。如果周圍的人沒有充分理解她的想法，事業就無法推動。

小篠描述了他年輕的時候，因為強行推動自己想做的事業而失敗的經驗。果然，無論自己懷著多大的決心創立新事業，只要沒有獲得他人的協助就無法成功。因此必須取得周圍的人理解，讓他們想要提供協助。

那麼，該怎麼做才好呢？唯一方法就是，把商品與事業的內容變得更具體。換句話說，讓自己腦中想像的骨架逐漸長出肉來，成為他人也能夠理解的內容。

用故事與模型磨出商品與服務

STORY 4 編織出顧客的故事

STORY 4
編織出顧客的故事

工商企業聯合會

大家好

鞠躬

今天非常感謝
大家抽空前來

我們是以保養品大廠為主要客戶的OEM*。因為有在製造商品，所以也能製作保養品沒錯

保養品代工廠
老闆・澤野井

但是我之前就聽過使用日本酒製作的保養品了

妳的保養品有什麼特色呢？

那就是

我想把和紙浸泡在日本酒製造的美容液中製成面膜

原來如此

啪

*OEM…Original Equipment Manufacturer 製造其他公司的品牌商品，也就是代工

和紙原本就是這塊土地的特產
而且和紙不含化學物質，所以也不容易引起過敏吧？

的確！
七嘴八舌
那麼，這樣如何呢？
這樣的話…
原來如此…
這個應該…
不對不對…

我說
產品做出來之後，請本地的人試用如何呢？

如果評價不錯，也能請伴手禮店幫忙賣喔
太好了

和紙工坊

試用品C
試用品B
試用品A
試用品C
試用品B
試用品A

這是日本酒製造的化妝水

如果再薄一點應該能夠與臉更服貼吧？

試用品完成了！
試用問卷
日本酒保養品試用套組

感覺不錯喔！

這樣似乎可行！

請加油喔

這麼一來就大致完成了！
握拳
終於完成第一階段了呢！

什、什麼！
第一階段!?
前面的路還很長喔！

妳好像稍微有了一點自信…
那要不要試著寫寫看願景故事呢？

願景故事？

光是商品好用不足以帶來回頭客
著迷
感動
如果不讓顧客對商品著迷到感動的地步他們是不會成為回頭客或向其他人介紹的

所以，妳要想像顧客因為使用這項商品而感動的畫面並努力提高商品的完成度讓這個畫面可以成真
而將這個感動畫面描寫出來就是願景故事
願景故事

故事？
？
傳單
嗚嗚。。。
這…
真是個感動的故事啊

那麼，在這張紙描寫出大約三名顧客，與他們使用商品的畫面
拿去
由妳來寫！
什麼？

我？
・誰（Who）
・何時（When）
・在哪裡（Where）
・做什麼（What）
願景故事

不可能不可能
絕對不可能！
陷入
混亂
好了好了妳冷靜一下

在我們的故事裡，有顧客也就是主角對吧

如此一來，故事人物就會自然而然地在所設定的場景中聊天、活動起來

願景故事
接著，就在腦中想像我們為故事設定好的場景
接下來，只要自然地將故事帶到妳希望顧客感動的方向就行了，然後再把故事寫下來就大功告成
人類原本就具備編織故事的潛力
之後只要把那扇門稍微推開一點就好了
這裡有紙
拿出
什麼故事都好，總而言之，先試著寫下一個，容易產生想像的故事吧
唔～嗯
唔～嗯

唔——嗯……
唔～嗯

果然不可能！
哇～啊！
我要轉換心情

哇
日式甜點
對了！

哈哈哈
她們看起來好開心…不知道在聊什麼…
在討論甜點嗎？
呵呵呵

水野愛子 40歲
家人包括老公、兒子（15歲）與女兒（12歲）

沒有酒臭味，擦起來也沒有什麼不舒服的感覺。她看了看價錢，1200日圓與平常買的保養品差不多。剛好她現在使用的保養品也快用完了，就買了一個試試看。

愛子使用了一個禮拜之後，早上起床照鏡子時，發現膚況變好了，皮膚不再粗糙。她心想「難道是那個乳霜的效果？」便繼續使用下去。

又用了一個月左右，結果有一天讀大學的女兒對她說：「媽媽，妳最近好像很少抱怨皮膚不好了呢，以前明明那麼常抱怨『最近皮膚好乾』的。」她高興地回答「對啊，我開始試用這個含有日本酒精華的乳霜後，膚況就變好了呢！」女兒又問：「咦！這個裡面含有日本酒精華嗎？」

「這麼一說，最近妳的臉頰的確變得愈來愈光滑了，不錯嘛！但是啊，保養品雖然好，妳可要注意不要喝醉了。」「怎麼可能喝醉，又不是用喝的。」愛子笑著回答。

愛子在乳霜快要用完的時候與製造商聯絡，製造商告訴她當地有哪些商店販賣這項商品。她發現自己常去的保養品店也開始販賣，於是就到那裡購買。「下次也搭配乳霜，試試看化妝水好了！」她開始興奮地盤算下次要買哪些商品。

感動的畫面　之一　當地的女性

水野愛子　40歲

水野愛子在當地的市公所工作，家人有老公、兒子（15歲）與女兒（12歲）。

最近，她在本市舉辦的特產品展示會幫忙、順便參觀時，發現了少見的美容面膜與化妝水。她心想「咦，原來我們這裡有在做這個啊！」，於是好奇地拿起來看，結果發現上面寫的製造業者竟然是惠那酒坊。「哇！酒坊竟然有做保養品？」大吃一驚的她便找來負責人詢問，一名年輕女性遞給她名片，並開始為她說明「日本酒發酵面膜」與其他保養品。這名女性雖然年輕，名片上卻印著「董事長」的頭銜。她心裡一邊發出驚嘆，一邊聽這位女性介紹：「自古以來流傳著『釀酒師傅的手很細緻！』這樣一句話。事實上，日本酒當中，富含能夠保養肌膚的成分。我在酒坊出生長大，學生時代就常被稱讚『皮膚很好』，而我最近發現，這其實是日本酒精華的功勞，於是將其製成商品。我自己也從一年前開始使用，直接敷在臉上的效果非常好。」這位女性似乎是繼承家業的酒坊女兒。仔細一看，她的雙頰與額頭附近的肌膚確實細緻光滑，是一位笑容很親切的女孩。

這麼一說，愛子最近每年一到冬天，就會出現肌膚乾燥粗糙的困擾。手腳用普通的乳霜保養還可以，臉部肌膚則因為較敏感，特地使用保養品大廠製造的乳霜，但卻還是有肌膚乾裂的問題。而「惠那酒造」是歷史悠久的酒坊，再加上能夠成為本地公所推出的特產，應該有一定的品質吧，就在她這麼想的時候，酒坊的女兒問她「要不要試用看看呢？」於是她用手指沾取少量乳霜，塗在手背上。乳霜聞起來

怎麼樣？
洋洋得意！

這個嘛

我想讓當地女性
像這樣
使用這款商品

出乎意料地，
寫得不錯嘛！
啪沙
出乎意料
刺中

其實我寫了這個之後，
又寫了另外兩篇
給媽媽和妹妹看！
結果妹妹突然說
「姊姊，這個好像不錯，
應該會賣喔！」
媽媽也說
這個和之前的好像
有點不一樣呢

這樣啊，她們讀了之後意見就改變了？
興奮
嗯，如我所料
淡然
什麼!?

那麼，妳給鶴吉先生看過了嗎？
鶴吉先生
不……還沒
畏畏縮縮
也差不多該給鶴吉先生看了吧？
不要吧
唔──嗯…

那麼我們今天
就來講AIDMA與業務流程吧
AIDMA
AIDMA是什麼？
AIDMA就是Attention（注意）、Interest（興趣）、Desire（欲望）、Motive（動機）、Action（行動）

真受不了妳
嗚──
A Attention（注意）
I Interest（興趣）
D Desire（欲望）
M Motive（動機）
A Action（行動）
這幾個字的字首縮寫，指的是顧客從得知這項商品到購買之間的流程

妳寫了願景故事對吧
這裡面應該含有AIDMA的要素，妳看
水野太太
舉例來說，水野太太在哪裡注意到這項商品的呢？

特產品展！
那麼，她什麼時候開始對這項商品感興趣呢？
聽了日本酒發酵面膜的說明之後
開始想擁有呢？
試著塗在手上沒有不舒服的感覺之後

什麼時候開始想買的？
千円
沒有那麼貴嘛！
聽了價錢覺得沒有想像中貴之後而且現在使用的商品剛好也快用完了
那麼，最後的行動呢？
因為是直接販賣，所以當場就購買了
沒錯吧
這就是AIDMA的流程

原來如此…
只有這樣的話
我就懂了！
恍然大悟！

為了要讓顧客順利地
依照AIDMA流程買單，在每個
步驟提供相應的資訊、商品與服務
就更顯得重要

這樣的話，
如果以當地顧客為銷售
對象，我就必須一一前
往特產品展說明，
商品才賣得掉嗎？
？
也不一定是
這樣
舉例來說，試用這個商品的顧客，
如果覺得商品非常好，
就會向認識的人推薦
所以即使是當地顧客，
也可能有各種不同的
AIDMA流程不是嗎？

換句話說，只要設想
各式各樣的
AIDMA流程
就好了吧？
AIDMA
沒錯，而且
也必須配合這些顧客的
AIDMA來設計業務流程

什麼？業務流程……
業務流程指的是從進貨、
製作商品、包裝、出貨、陳列、販賣、
到收取貨款等的整體流程
收取貨款

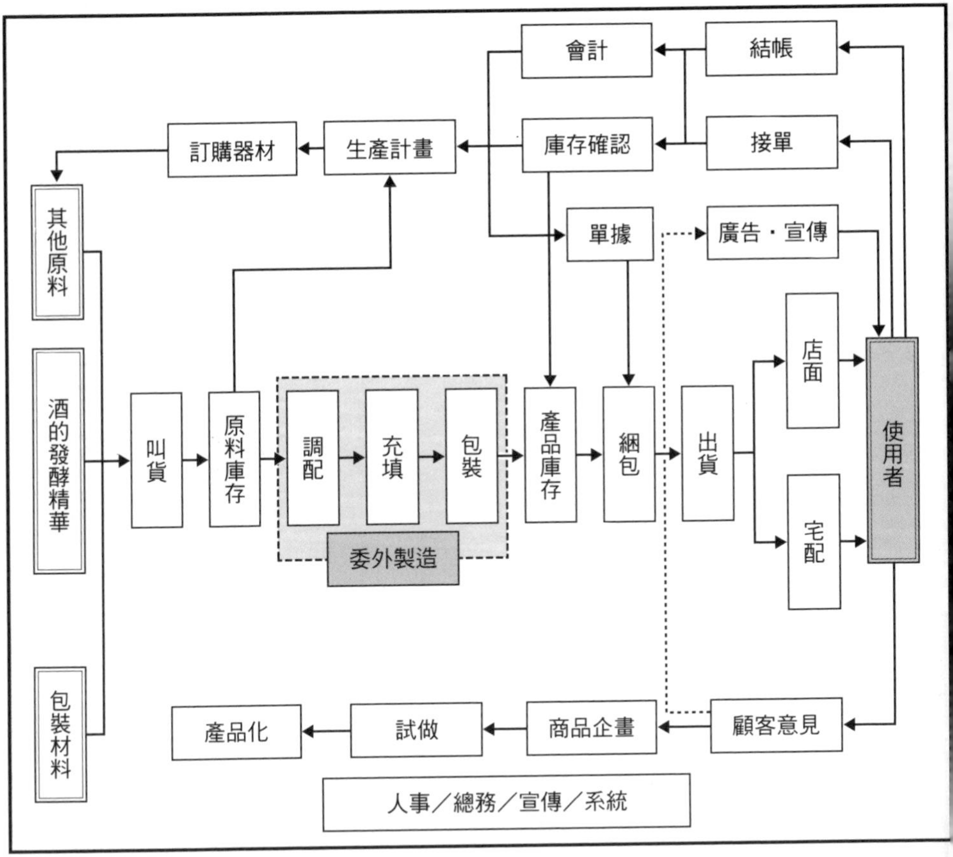

會計
結帳
訂購器材
生產計畫
庫存確認
接單
單據
廣告・宣傳
其他原料
酒的發酵精華
包裝材料
叫貨
原料庫存
調配
充填
包裝
委外製造
產品庫存
綑包
出貨
店面
宅配
使用者
產品化
試做
商品企畫
顧客意見
人事／總務／宣傳／系統

01 撰寫願景故事

▼人會因為感情與想像採取行動

大家常說「理性無法讓人行動」。

舉例來說，先寫完暑假作業才能在放假時好好地玩，這個道理每個人都懂，但很多孩子依然更重視想玩的心情，一次又一次延後寫作業的時間，等到「再不寫就來不及」的時候才急急忙忙開始寫。這樣的景象，從以前到現在都沒有改變過。

大家明明懂得這個道理，但為什麼不遵守呢？

這是因為人的感性勝過理性。一般人比起講道理，更容易受感情影響，所以與其以理性的方式推銷新商品或新服務，還不如以感性的方式推銷賣得更好。

另一個重點則是想像。

每個人都是在腦海中浮現出畫面之後，才會產生「啊，我知道了」的感覺。應該做的事情和自己要做某一行動時，都是因為能浮現出具體動作的想像，才會覺得自己了解了而化為行動，受人所託的時候也一樣。相反的，如果在腦海中想像不出怎麼做，就完全不會產生行動的動力。

所以，只要能讓對方感動、透過傳達具體的想像情境讓對方產生同感與共鳴，就能使對方採取行動。無論對方是顧客，還是事業上的合作夥伴都一樣。

不只要用到左腦，讓右腦動起來也很重要！

以前的事業概念、或是那種以理論、數字為主的事業計畫書，很難讓對方採取行動。只有告訴對方自己想要實現的景象、感覺或情感，對方才會產生購買、加入事業、投資或提供貸款等行動的意願。

那麼，該怎麼做才能傳達想像或感情呢？答案就是寫故事。小說、電影、漫畫都是故事吧？你讀到、看到這些故事時，不會覺得感動嗎？

碧在這個故事的STEP7，將把這個鎮上的人集合起來，向他們說明自己想做的事情。碧在這個場合當中，把自己想實現的事情以故事的方式呈現。事業計畫書也一樣，必須把整體的計畫變成一個故事。

故事以時間軸來說，可以分成過去的、現在的與未來的事情三種。而碧現在說的主要是未來的部分，描述未來情景時可以透過「願景故事」來呈現：也就是說要想像尚未實現的將來，把希望顧客能夠得到這樣的喜悅、希望從業人員能以這種方式獲得工作成就感等種種願景，以故事的形式表現出來。

最早想出「願景故事」的人是石川正樹先生，但他所提出的正統操作步驟相當複雜，本書為了讓初次接觸願景故事的讀者也能輕易上手，為各位介紹最簡單、最能掌握重點的方法。我想直接看例子是最快的，所以接下來請先看碧所寫的另外兩個故事。她描述的是顧客得到喜悅時「感動的畫面」。寫「願景故事」的時候，通常會設定三種不同的場景。

「請試用看看。」

久子因為對方的勸說，而將少量化妝水倒在手上，試著在手臂上抹開。化妝水沒有奇怪的味道，而且出乎意料地好吸收。她的朋友也相繼試用了一下。

「用起來好像不錯。我是不是該買一瓶來試試呢？」裕子這麼說。久子是肌膚敏感的人，所以盡可能不使用化妝水，但或許是年齡的關係，最近肌膚乾澀的狀況讓她不得不開始注意保養。她看了看價錢，比想像中便宜，就決定買化妝水與面膜回去試用。接著篤子又提議：

「妳們聽我說，今晚泡完溫泉之後，要不要一起來試用這個面膜呢？」

裕子也附和：

「好像很有趣耶，吃美食、泡溫泉、保養肌膚，這樣的行程真完美。來敷吧來敷吧！」

三人莫名其妙興奮起來，紛紛買了面膜、乳霜什麼的。

「對了，如果不買伴手禮回家，會被抱怨的」久子的這句話，讓大家回過神來，三人又趕緊買了當地的名產。

當天晚上泡了溫泉之後，三人臉上敷著面膜，開玩笑似地用手機拍照留念，興奮地玩鬧了一番。後來，久子就迷上了這款化妝水與面膜的效果，並定期到酒坊開設的網路商店回購。

感動的畫面 之二 當地的女性

若尾久子 50歲

久子的兩個孩子都已經出社會了，開始有更多自由時間的她，趁著放假的時候，與兩位從學生時代就交好的女性朋友一起來觀光。她們計畫到從前的驛站走走看看，接著去泡溫泉，並住上一個晚上。第一天，她們先參觀鎮上以明治時代文豪的老家改建而成的紀念館，回憶以前讀過的小說，再到重現過往驛站風華的老街隨意漫步，並走進掛著大大招牌的伴手禮店。

伴手禮店陳列出各式各樣當地的特產。她一邊自言自語地說：「大概因為是鄉下地方吧，賣的似乎都是古早味的醃菜和零食。」一邊環顧四周，結果發現「超人氣！日本酒發酵精華系列．女性雜誌口碑推薦！」的 POP 廣告。「咦，這是什麼？」她好奇地靠近一看，原來賣的是面膜與化妝水、乳霜。她站在那裡仔細端詳時，一位看起來像是店員的中高齡女性，用精神飽滿的聲音對她說：

「小姐妳好，這個是現在最受女性歡迎的商品喔！」

她有點搞不清楚狀況地聽對方繼續解釋：

「這是最近剛推出的肌膚保養品，使用日本酒發酵精華製作。開發、販賣這款商品的是從江戶時代持續經營至今的當地酒坊。前一陣子，女性雜誌《美麗女人》也報導了這款商品。因富有日本酒發酵時產生的氨基酸，使用之後會讓肌膚變得水嫩光滑，對敏感肌的人特別好。我自已也從半年前開始使用，妳看，我的膚況非常好吧！」

對方指著自己的臉。久子一看，對方看起來的確沒化妝，皮膚卻散發出光澤，在店內燈光照射下反射著光芒。

「最近或許因為工作太忙，皮膚的狀況不太好，我對於站到人前有點沒自信。」

照子向弘子坦承了自己心中的不安。她原本就有敏感肌的問題，雖然使用了專用的保養品，但壓力大的時候膚況依然不好，妝也不太容易上。

弘子聽了之後，就從粉紅色的化妝包中取出小罐的化妝水：

「要不要試試這個呢？這是前陣子雜誌介紹的保養品。聽說原料竟然是日本酒的發酵精華呢！不是有句話說『釀酒師傅的手很細緻』嗎，因為釀酒的時候好像會同時產生有益肌膚的成分。我也是因為要結婚，想說不改善膚況不行，所以買來試試看。結果膚況變好了。真是買對了呢！妳看。」

弘子邊說邊把臉頰轉向照子。這麼一說，從前是痘痘臉的弘子，臉頰真的變得光滑細緻。

照子在弘子的推薦下，沾了一點化妝水，塗在右耳下方。

「嗯，沒有什麼特別不舒服的感覺。」

弘子聽了她的回答，拼命推薦「這個不錯喔！」

後來，照子以要求弘子介紹未婚夫的男性友人與她一起搭檔主持為條件，接受了弘子的請求。她回到家立刻上網搜尋弘子介紹的保養品，在讀了使用者正面回饋後，也訂了一組似乎能夠立即見效的面膜與化妝水。

半年後，照子帶著自信的肌膚、光彩和開朗的笑容，主持弘子的婚禮。

感動的畫面　之三　網購的客人

藤原照子　35歲　單身

照子是在東京一間印刷公司總部上班的粉領族，經常需要加班，導致疲勞不斷累積。

有一天她收到高中同學弘子寄來的電子郵件，久未見面的兩人，便相約週末在銀座吃午餐。

當天，她用地圖 app 搜尋餐廳位置，在 11 點 45 分時抵達相約地點，弘子這個時候已經到了。照子先上前打招呼：「久等了」，弘子則用開朗的聲音回覆照子的問候：「好久不見，妳好嗎？」

見面地點是一間義大利餐廳，照子點了他們熱門的餐點番茄湯義大利麵。

這時弘子問照子：

「雖然是午餐時間，但只要加 300 日圓就能附一杯紅酒，要不要考慮看看？」

照子便聽從弘子的建議，加點了一杯喜歡的紅酒。

接著，弘子一臉開心地說：

「前一陣子我男友向我求婚，不久之後就要結婚了！」

「哎呀，恭喜妳！對象是誰呢？」

「公司的前輩。我們因為公事往來而認識，並開始交往。」

弘子開始滔滔不絕地說下去。

這時，料理與紅酒送來了，兩人乾杯慶祝弘子訂下婚約。

弘子接著拜託照子擔任婚禮主持人。

「照子的口條很好呢！」

照子的邀請讓弘子很難拒絕，但其實她有一件在意的事情。

02 撰寫人物側寫

▼什麼是人物側寫

人物側寫（persona）指的是行銷時設定的人物形象，其語源來自於拉丁文的「面具」。

過去在行銷時，採用的是如前章所述，從目標客群的年齡層等屬性中取出平均值來設定販賣手法，在進行商品和使用方式的設計時，會有難以想像顧客具體生活場景的缺點。

因為實際上，很少有符合平均值的人，每個人都有自己的個性。

舉例來說，我們雖然會說「某某大學的學生」，但實際上沒有人完全符合這個「某某大學的學生」的形象。同樣的，「二十多歲的職業女性」也不能一概而論，大家都有不同的收入、職業、興趣，所以用以前的方式在設定人物形象時，無法鎖定「就是這個人」。

因此，「人物側寫」的基本概念就是不使用屬性的平均值，而是用更具體的性別、年齡、職業、家庭組成、居住地、心理特性、行動模式等，設定出接近實際人物的形象，以便想像他們購買的畫面、使用的場景、回購的過程等。

其實，朝日啤酒、可爾必思、山佐醬油等食品廠，還有建商等各式各樣的企業，都開始採用這樣的手法。

▼人物側寫的方法

接下來，請各位從目標客群的顧客中想像

出一位人物形象，根據設定的人物形象進行人物側寫。

故事中的碧想到的例子是，住在東京的45歲女性，家裡有老公與兩個孩子，家庭年收入一千萬日圓，興趣是旅行。老公或許是某間製造商的經理級員工，而這間製造商的總公司在東京，他或許也有海外出差或外派的經驗，而且可能對於晚上喝的小酒很講究。孩子或許是就讀大學的女兒、和就讀高中的兒子吧。這位母親看到女兒打扮入時的樣子，總想起自己年輕的時候。因為孩子長大了，所以也可以和學生時代的好友一起出去旅行，或是輕鬆地和朋友相約吃午餐。這種時候，就會開始談論以保養品為首的各種話題。

人物側寫的想像就會如同上述那樣，變得愈來愈豐富。雖然描述的人可以是「願景故事」中登場的人物，但為了讓我們對目標客群的形象捕捉多些可能性，也請試著多想像幾個不同的人物。

圖4-01 人物側寫與購買流程（※購買流程請參考150頁～）

人物側寫設定						
年齡	性別	地址	家庭組成	職業	年收入	興趣
45歲	女性	東京都	老公、2個孩子	家庭主婦	1,000萬日圓	旅行

購買流程	
Attention	因為年紀漸長，開始煩惱在冬天會變得乾澀的肌膚。「要不要試試這個？」這時朋友推薦日本酒發酵精華的化妝水。
Interest	「這竟然是釀酒過程中產生的東西」，在感興趣的情況下，取了一點塗在手背，回家之後覺得不錯，心想這個說不定適合自己的膚質。
Desire	在網路上搜尋之後，立刻就找到了。網站上刊登許多使用者的感想，譬如「肌膚變得光滑」、「乾澀問題解決了」等等。
Motive	試用套組只要1,000日圓，就算不合用也沒什麼損失，所以就訂了一套。
Action	現在也能以信用卡付款，而考慮到回購的方便性也登錄了姓名與地址，成為會員。

03 描繪出顧客從注意商品到購買的流程

▼購買流程AIDMA

接著，我們來思考人物側寫中，顧客購買商品的流程。一般來說，顧客會先注意（Attention）到商品，接著對商品感興趣（Interest），並且想要（Desire）這項商品，最後下定決心購買（Motive），告訴店員「我要這個」（Action）。

而將代表流程中各階段的英文單字字首組合起來，就稱為AIDMA。

為了讓目標客群順著這個流程行動，必須在事業計畫書中設下各式各樣的機關。

「願景故事」中通常隱藏了AIDMA的流程，因此對於將AIDMA的流程具體化也有幫助。

舉例來說，在Attention的階段，必須讓顧客知道這項商品或服務的存在。因此需要打廣告、做宣傳、發傳單、將商品擺在店裡醒目的位置，或出去跑業務等等。

在Interest的階段，必須讓顧客知道商品或服務的特徵與優點。因此需要配合便宜、有益健康、愉快、能夠產生共鳴等商品與服務的特性，盡可能在短時間內，以能夠直覺了解的方式，對顧客做出訴求。

在Desire的階段，必須引導顧客想像自己使用商品的樣子，在腦中浮現出自己與家人喜悅的表情，進而想要購買、擁有這項商品。

而Motive階段的重點，是讓顧客產生購買的動機，覺得「應該現在買」。譬如，現在買的話立刻就能使用、可以立刻改善現在的困擾等等。

至於Action階段的重點，則是直接關係到實際的購買行動，譬如商品是否能夠立刻購買、立刻進入購買手續、立刻做出決定、能夠通過公司審查、在預算以內等等。

滿足這所有的步驟，顧客才會購買商品與服務，所以事業計畫必須涵蓋能夠滿足這些步驟的規畫。AIDMA步驟會隨著客群、狀況而改變。因此實際上，最好能想像各式各樣不同的狀況。

圖4-02 AIDMA流程

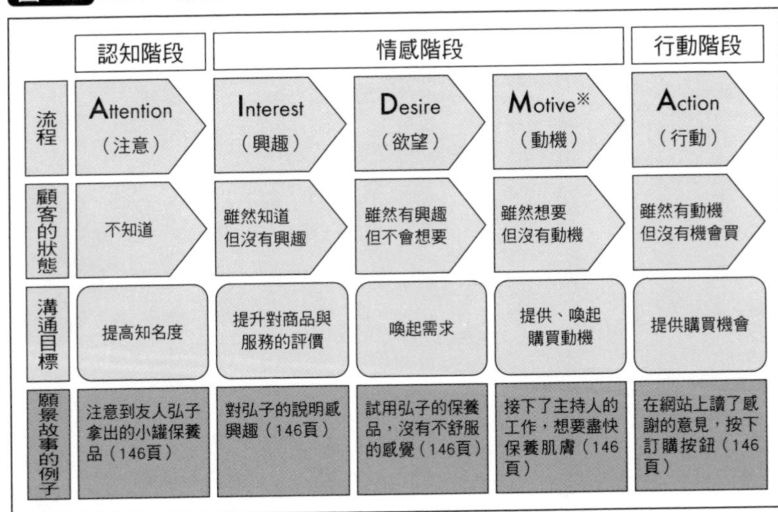

	認知階段	情感階段			行動階段
流程	Attention（注意）	Interest（興趣）	Desire（欲望）	Motive※（動機）	Action（行動）
顧客的狀態	不知道	雖然知道但沒有興趣	雖然有興趣但不會想要	雖然想要但沒有動機	雖然有動機但沒有機會買
溝通目標	提高知名度	提升對商品與服務的評價	喚起需求	提供、喚起購買動機	提供購買機會
願景故事的例子	注意到友人弘子拿出的小罐保養品（146頁）	對弘子的說明感興趣（146頁）	試用弘子的保養品，沒有不舒服的感覺（146頁）	接下了主持人的工作，想要盡快保養肌膚（146頁）	在網站上讀了感謝的意見，按下訂購按鈕（146頁）

※也有一個說法認為「M」是Memory（記憶）。

04 畫出工作夥伴的業務流程

▼根據AIDMA畫出流程是重點

提供商品、服務的一方，必須根據前面提到的AIDMA建立自己公司的業務流程。舉例來說，能不能在顧客感興趣的時候提供資訊？能不能讓顧客在有意願購買的時候就能買到商品等等。像這種自己公司要完成的業務工作程序，就稱為「業務流程」。

左下角的圖，是碧在故事中畫出的業務流程圖。這張圖將流程分成兩種情況，一種是顧客（使用者）直接在店內購買，另一種是透過網路訂購再交由物流業者配送。我們在圖上可以看見，首先要利用廣告宣傳等管道，讓顧客知道商品的存在。商品在送到顧客手上之前，會先經過原料準備、倉儲保管、調配、充填、包裝、產品入庫、捆包等流程。顧客購買商品之後，可以當場付錢，或是透過貨到付款、匯款等方式結帳。而顧客的「意見」，則有助於商品改良或新商品的開發。此外，業者也必須根據商品販賣狀況制定生產計畫，而這也關乎原料、器材的訂購。收到的款項要交由會計人員計算處理，並且檢視每月收支。

碧畫出這張流程圖之後，發現自己平常就必須處理許多工作，也知道有哪些工作要交給別人處理。這就是畫出業務流程圖的好處。

這張圖呈現出的是整體事業的業務流程。通常還會再細分成①經營・販賣方面的業務流

程、②進貨・備料方面的業務流程、③財務・會計方面的業務流程，如果是製造商的話，還會有④生產方面的業務流程。

繪製業務流程圖的方法沒有那麼難。首先篩選出業務的要素，接著再用箭頭將這些要素連結起來。重點在於不要急著一開始就想畫出詳細流程，而是要先描繪出業務流程的輪廓；也就是說，應先從製作草圖開始，再愈畫愈細，最後才完成具體的流程圖。

若要使用資訊系統來進行業務，就必須建構一套能讓先前畫出的業務流程順利推行的系統。如果只是小生意，或許只需要一台電腦來操作 Excel 等試算表軟體就夠了。但有些情況下，也必須使用資訊商的套裝軟體，並配合軟體來執行業務。不管使用的工具為何，最重要的是業務流程不能與消費者的AIDMA模式互相衝突，否則就是本末倒置。換句話說，如果不能配合業務流程來考慮AIDMA，以吸引消費者購買的話，血本無歸的風險可就大大增加。

圖4-03 業務流程

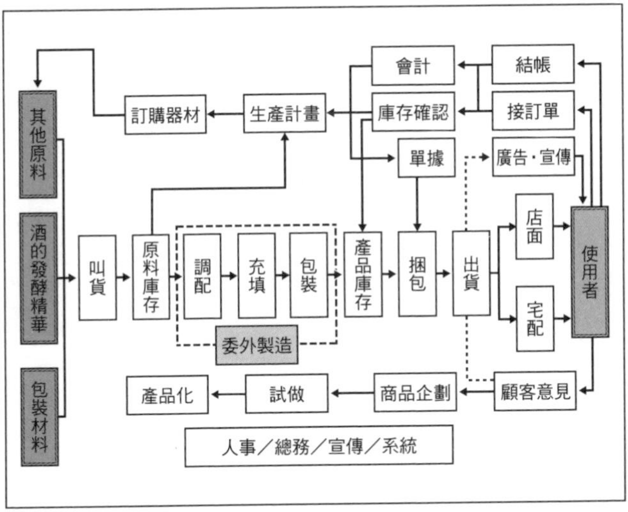

向公司說明新事業必要性時應採取的觀點

向公司提議新事業時，必須強調自家公司有著手展開這項新事業的必要性。而這個必要性，可從三個觀點說明。

（1）與自家公司企業理念、經營願景的整合性

引用自家集團的企業理念或經營願景，確認其與新事業的整合性。舉例來說，如果公司的理念是「提供顧客喜悅與舒適的服務」，而自己想建議公司展開寵物相關事業，那麼就可以強調：「這個寵物事業，與本公司『提供顧客喜悅與舒適服務』的企業理念一致。」

（2）活用經營資源與優勢

說明如何活用自家集團的經營資源，以及活用這個經營資源後，能夠在競爭上發揮什麼樣的優勢。以（1）的寵物事業為例，可以這樣表現：「本公司擁有其他公司無法企及的顧客資產，只要新事業冠上本集團的名稱，光從知名度來看，就略勝一籌。」

（3）為自家集團的成長帶來養分

換句話說，就是指新事業要與自家集團發展目標一致，並且能夠補足自家集團在該領域的不足。以同樣的寵物事業為例，可以提出這樣的訴求：「我的計畫與其說是展開寵物事業，不如說是朝著從前與本集團交集較少的方向拓展客群，讓本集團的觸角更加延伸。」

上述的三項要素，說明時不一定要鎖定其中一項，因為將多項要素組合在一起提出訴求，將能夠傳達更強烈的訊息。

構築一條暢銷通路

STORY 5 擬訂行銷計畫

好的
那麼
期待星期一看到新的試作品
STORY 5
擬訂行銷計畫

喀

星期一試作品送來
最終版本的試作品會在星期一送來

業務流程
自豪
diary
保養品問卷調查

呵呵這個或許會成為出乎意料的大事業啊……
呼

……
嘶嘶…

偷看 偷看
喔呵呵呵呵…
記事本
試作品完成！

關於妳之前寫的願景故事
第三位從網站購買商品的女性，是從哪裡得知這項商品的呢？

嘆氣

嗚！
這個嘛，當然要先製作購物網站，這樣才能在那裡找到

但是購物網站的數量多如牛毛吧？
目標客群
唔唔
該怎麼讓這位顧客搜尋到你的網站呢？妳必須讓目標客群透過網站得知妳的商品與服務才行

沮喪……
消沉
真是的

算了，願景故事妳也試著寫過了好幾次
只要反覆檢查修改應該就能把部分與全體整合起來
好的……

啪
那麼，
接下來進入今天的主題

今天的主題是行銷的4P
行銷的4P

這個我知道！
呼呼
商品・Product
價格・Price
宣傳・Promotion
通路・Place
行銷的4P
所謂的4P，就是商品（Product）、價格（Price）、宣傳（Promotion）、通路（Place），沒錯吧！

妳有時候
也滿厲害的嘛
得意
呵呵呵♥

這…這一點都不難啊！
首先是第一個P，
這次的商品是使用
日本酒發酵精華製作的
和紙面膜
商品
Product
價格
Price
還有
化妝水與乳霜，
接下來是價格…
價格嘛…

那麼，
妳要不要說明一下
現在這個事業的
4P？

價格…
還沒決定嗎？
嚇

妳要賣多少
錢？
宣傳呢？
通路呢？

………
擊沉

呼
看來我還是要
一個個說明
比較好…

販賣商品與服務的時候，要透過4P將內容具體化

4P

- 商品：Product
- 價格：Price
- 宣傳：Promotion
- 通路：Place

行銷組合

所謂的4P就是行銷組合

4P中最重要的是什麼呢？

商品：Product
價格：Price
宣傳：Promotion
通路：Place

商品……吧？

聽好

商品・服務的重點有三項

●商品・服務的重點●

滿足顧客的需求	就算商品再好，如果得不到顧客的認同，就沒有做為商品的價值
與其他商品的差別	其他酒坊也有類似的商品吧？所以一定要能清楚說出我們的商品「這裡不一樣」、「這裡比較好」才行
商品陣容	對於保養品的使用方式與喜好因人而異

舉例來說，你的母親會用面膜嗎？

這樣說起來，我們也要提供化妝水或乳霜比較好

先說價格，
決定價格的
方式有很多
但最基本的

是這兩種。

Price／價格

①依照顧客認可的價值決定
如果顧客認可商品的價值，定價高也賣得出去，但如果不認可商品的價值，不管價格多低都會滯銷。

②從成本往上累加
也就是將價格設定得比每個商品的製造成本高。
當然如果商品價格低於成本，就會賠錢，生意也做不下去。

間接通路	**透過批發商的通路**
直接通路	**電視購物、網路購物、擺在酒坊的店面販賣、郵購**

Promotion

沒錯，必須透過Attention（注意）與Interest（興趣）將顧客拉進商品的世界
新發售
為您推薦
日本酒保養品
對肌膚特別溫和！推薦給深受肌膚問題困擾的您！
因此在商品旁邊需要有POP廣告，再來，妳覺得只要把商品默默擺在伴手禮店之類的地方，就賣得掉嗎？

還需要像願景故事中所寫的那樣有人介紹商品吧！也就是說
要有銷售員？

那妳覺得伴手禮店的店員能夠好好說明嗎？
請收下
みやげ
太好了
那麼，先給她們試用品，請她們試用看看如何呢？

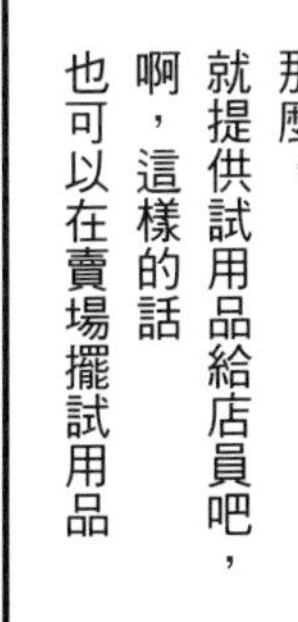
如果店員使用之後反應良好，也會幫我們推薦商品吧？
試用品
嗯
說的也是
筆記
筆記
那麼，就提供試用品給店員吧，啊，這樣的話也可以在賣場擺試用品

那麼，網路商店要怎麼做呢？
不管怎樣總要先有網站吧！

網站做好之後是誰會來看呢？
用關鍵字搜到的人吧？
那關鍵字會是什麼？
「日本酒」「面膜」之類的……
日本酒　面膜
搜尋

搜尋時，通常不會特地用這樣的關鍵字組合吧？
妳平常都是怎麼收集保養品相關資訊的？

唔——
雜誌或是保養品論壇之類的吧
保養品排行榜

這樣的話，請雜誌刊登商品資訊如何呢？
酒坊開發的保養品
改善膚質的保養品！
咦！要買廣告嗎？

別傻了，當然是請他們來採訪啊！
啊…說的也是
想太多
啊哈哈…

哈哈，這樣等於雜誌免費幫我們宣傳呢！
原來如此！
本周的好物介紹！
惠那酒造「日本酒的保養品」
顧客看了報導就會上網搜尋，然後就能找到我們的網站
那網站上應該寫什麼才好呢？
商品說明，或體驗者的感想之類的？
商品說明
『日本酒的保養品』
體驗者的感想
……
我知道了！可以刊登當地人的使用感想
當地人
就是這樣！
所謂的廣告宣傳，就是像這樣，從顧客的角度出發，巧妙地融合進AIDMA流程當中
顧客的角度
注意
興趣
欲望
動機
行動
為什麼會想買？
看了使用者的感想，想要試試看
怎麼知道商品的？
怎麼做？
看到店內的POP廣告
從網站看到
看到雜誌報導
AIDMA
我懂了！

呼
好不容易
完成4P了!!

嘰……
的計畫

到了這個階段
說不定……
說不定…
會非常順利？
搞不好
就這樣很順利地
進行下去…
然後就…
賺很多錢…

……就是
這麼一回事
期限是一個禮拜
回神
什麼？
冷靜

你、你剛剛說
什麼？
警戒
我說
簡報啊
發抖發抖
突、
突然要我做什麼？

拋
隨身碟？

差不多該是時候了，
這裡面裝了
我珍藏的檔案——
事業收支計畫表！
妳以到目前為止思考過的
內容為基礎
試著把能填的部分
都填滿
期限是1個禮拜

事業收支
計畫表？？？
什麼——!?
我最討厭
數學了……!!

01 準備好具體的商品與服務

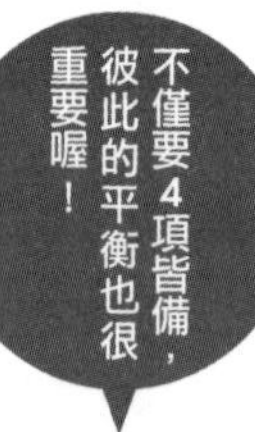

▼行銷的4P是什麼

在行銷上，稱這四個P為行銷組合，是必須慎重處理的要素。這四個P所指的分別是Product（商品・服務）、Price（價格）、Place（通路）、Promotion（廣告・宣傳）。

Product（商品・服務）有三個重點：

（1）滿足目標客群的需求

這點乍看之下理所當然，但實際上，要確實滿足顧客的需求很不容易。故事中的商品，設定為能讓肌膚變滑嫩的乳霜與化妝水，這樣的商品不僅效果要好，也必須使用方便。

以我自己為例，我在不久之前收到留學生送的韓國產高級人參茶隨身包，但有些隨身包有開封用的切口，有些則沒有。如果想要打開沒有切口的隨身包，就必須用剪刀剪開，會覺得用起來有點麻煩。

最近製作商品時，也開始需要考慮到使用後的處理，像是洗髮精之類的商品，因為考量到環境問題，而推出補充包一樣。

（2）與其他商品要有差異

市面上已經有類似的商品，所以自己的商品與這些商品之間，必須要有明確且顧客也認可的差異。行銷用語稱之為「有意義的差異化」。

（3）充實商品陣容

必須配合設定的目標客群來準備商品陣

容。故事中除了面膜之外，也根據方便性與使用習慣，準備了乳霜類保養品與化妝水。

▼檢查4P之間的整合性

這四個行銷組合的內容，必須以商品・服務為主軸，取得彼此之間的整合。

接下來將介紹故事中的行銷組合案例。

碧原本從最符合她期望的面膜出發，但考慮到當地人的使用習慣，因此除了面膜之外，也準備了化妝水與乳霜。價格方面，也必須思考相關商品價格之間的平衡。

接著是通路，碧準備了三個通路。除了批發給當地商店以方便當地人購買之外，也會陳列在伴手禮店對觀光客銷售，此外為了讓住在都市或全國各地的人都能買到，也會開設網路商店。

圖5-01 行銷組合

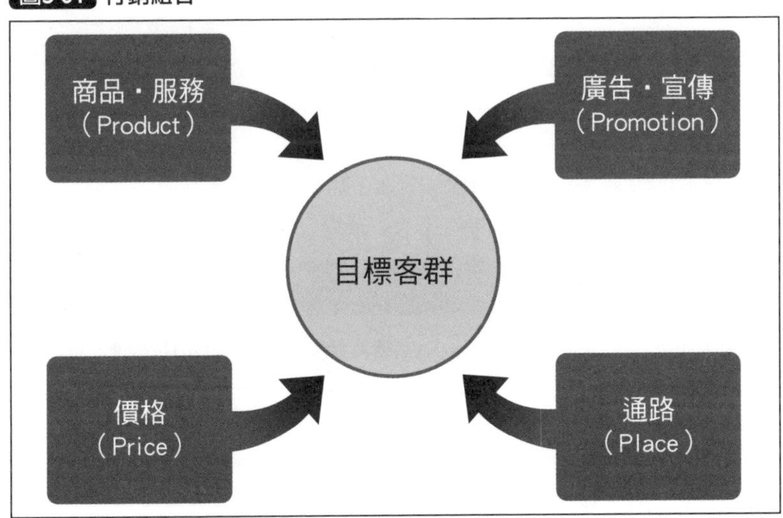

在廣告・宣傳方面，初期階段靠的是口耳相傳與實體店面介紹，等累積了一定的銷售量後，也可能準備接受雜誌採訪。

由此可知，4P必須根據目標客群選擇通路、廣告宣傳的方式以及銷售方式等，整合起來做決定。

圖5-02 行銷計畫的案例

商品・服務	價格
1.「日本酒發酵精華和紙面膜」 面膜　5片組 2.「日本酒發酵精華化妝水」100 ml 3.「日本酒發酵精華乳霜」50g	1. 1組　1,500日圓 2. 1瓶　1,300日圓 3. 1個　1,200日圓 運費　500日圓／件
通路	**宣傳**
●當地商店 ●伴手禮店 ●網路商店	●當地人及觀光客的口耳相傳、伴手禮 ●刊登在女性雜誌上

02 決定價格

▼設定價格的兩種方式

Price（價格）的重要性，僅次於商品・服務。現在已經知道，設定價格的方式大致有兩種。

（1）依照顧客認可的價值決定

顧客聽了新商品與新服務的說明之後，會對這項商品與服務形成一定的價值認定。當然，有些人認定的價值較高，也有些人認定的價值較低，每個人的標準不盡相同。不過不難想像的是，隨著對新商品的價值認定愈高，顧客的人數就愈少，如果想要賣出一定數量的商品，就必須針對目標客群設定合適的價格。此外，如果已經有類似商品，顧客也會根據競品的價格來判斷是否划算，因此如何傳達「買我們家的比較划算」也很重要。

價值難以定量，因此在判斷上有其困難度。那麼，價值應該根據什麼來判斷才好呢？方法有二：一是比較競品的價格（相對價值）；另一個則是判斷顧客可以透過這個商品或服務，獲得什麼樣的好處（絕對價值）。即便絕對價值高，只要價格高於競品就很難賣得出去。同樣的，就算沒有競品，絕對價值太低的話顧客也一樣不會買。

此外，有些商品相對價值、絕對價值兩者都高，而價位本身也屬於高水準，但由於顧客的支付能力、負擔能力有限，這樣的商品便難

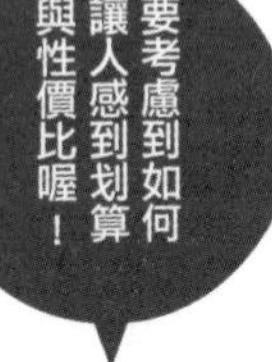

以普及。售價一萬日圓以上的保養品或健康食品等，就是很好的例子。

（2）從成本往上加的方式

提供商品或服務需要一定的花費（成本），因此售價也可以採用成本加上一定程度收益的方式來決定。成本有三種，分別是採購原料與製造商品的成本、銷售管理的成本、物流成本。前兩者與自家公司有關，後者則是將商品交到顧客手上所需的花費。計算成本與設定價格時，必須同時考量這三種成本。以製造商為例，自家公司的收益，多半抓三成左右。

接著是最重要的價格設定。價格必須介於①顧客認定的價值與②成本加上收益之間。在故事中，①可透過問卷調查的方式掌握，②則可透過將原料費與加工費等累加在一起計算出來。

圖5-03 價值、價格與成本

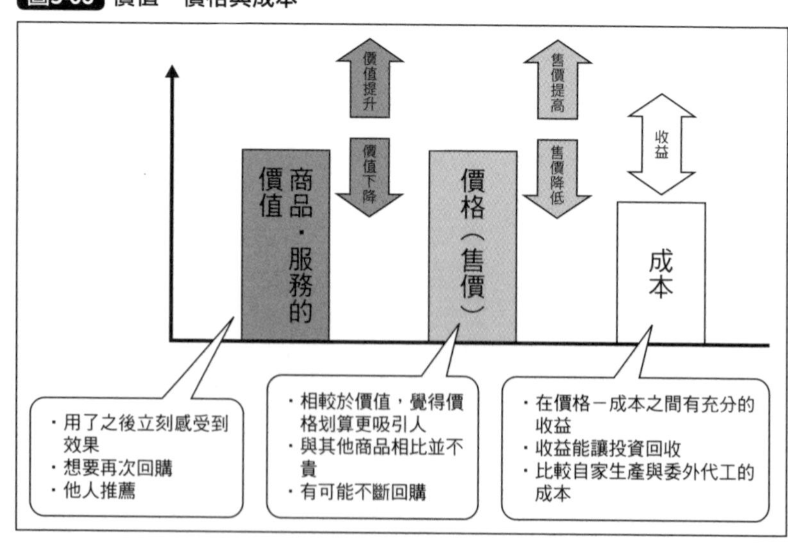

03 確保通路的順暢與平衡

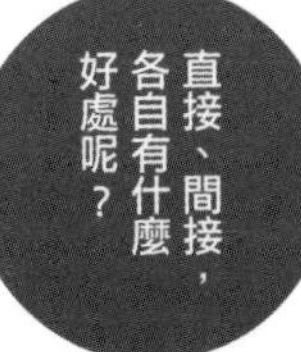

▼直接通路與間接通路

Place（通路）就是商品・服務流通的管道，大致上可分為直接通路與間接通路。

（1）直接通路

直接將商品銷售給顧客（終端使用者）的形式。故事中，在酒坊的店面銷售、透過網路商店銷售等就屬於直接通路。最近，愈來愈多地區性的甜點店或茶行、農水產加工公司等，都透過網路直接將商品賣給大都市的顧客。直接通路的好處是，可以直接與顧客取得聯繫。

舉例來說，只要顧客曾經在網路上買過商品，就能對他們採取推銷行動，譬如寄送介紹新商品的電子郵件或紙本郵件、邀請他們參加活動等等。我自己也常收到許多茶葉、甜點、酒類等的介紹。

Amazon（亞馬遜）或樂天等大型購物網站，還能分析顧客過去購買或查看過的商品，並介紹類似的商品給他們，是一種針對個別顧客（每一位顧客）的行銷方式。

即使是小公司，只要分析資料，也能做到這個程度。

（2）間接通路

透過批發商代為銷售商品的方法最為普遍。譬如加工食品可以在超市等場所銷售。戰後日本的經濟型態，讓超市等介於生產者與消費者之間的零售、物流、倉儲等產業高度發展。製造商生產優秀的產品，並透過電視宣傳，這麼一來就能讓陳列在店面的自家產品大量銷售出去。故事中，請伴手禮店協助銷售的方式，就屬於這一類。

間接通路的好處是，製造商不需要煩惱將商品批發出去之後的事。顧客懷著各種目的來到店裡，只要確保在各個通路陳列出自家商品，顧客就有可能在來店時順便購買。

很少有顧客會為了購買某間公司的商品，而特地前往特定的商店，所以將自家公司的商品擺在陳列了各式各樣商品的地方，對顧客來說也比較方便選購。

▼賣斷與寄賣

而間接通路又可分成賣斷與寄賣兩種方式。所謂的賣斷，指的是在批發階段收取貨款，而商品能否銷售出去的風險由商店承擔。如果賣不完，就必須由商店銷毀，認列損失。超市通常採用這種型態。

相對的，零售店提供空間陳列商品，並在商品賣出後收取一定比例的金額，則稱為寄賣。各位可能會覺得寄賣是少數狀況，但其實出乎意料的多。最典型的就是書店。我們買的書，幾乎都是由批發商暫時向出版社收購，再委託書店寄賣。每賣掉一本書，書店就抽一定的成數。採用這種方式，中小企業就能避開風險。各位如果想以個人身分銷售自家公司的產品，可以尋求這種寄賣的方式。

▼通路的選擇與平衡

展開新事業時，要選直接通路還是間接通路，是一個重要的問題。

以碧的情況為例，如果碧的商品營業利益率不高，就只能選擇直接通路，那麼，她的商品就只能做為紀念品賣給前來酒坊參觀的人，或是偶然在網路上搜尋到的人，銷售的對象將大幅限縮。相反的，如果只透過鄰近商店等間接通路銷售，雖然可以增加顧客看到商品的機會，卻難以得知顧客的感想。舉例來說，假設化妝水雖然賣得很好，但面膜卻不太能賣。若採用間接通路，就難以掌握面膜賣不出去的原因。碧無法要求銷售店的店員一一詢問顧客為什麼不買面膜，而這也是間接通路的難處。

由此可知，直接通路與間接通路，各有各的優點與缺點，在選擇通路時，必須注意兩者之間的平衡。

圖5-04 直接通路與間接通路

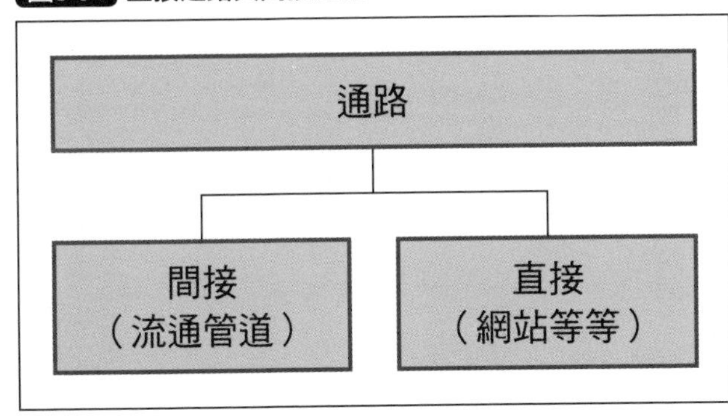

04

思考廣告與宣傳手法

▼讓顧客得知商品與服務

在進行Promotion（廣告・宣傳）時，必須配合商品與服務的特徵來採取策略。而在B to B（business to business）的事業中，這個部分是業務的工作。

故事中討論的宣傳方式，包括店頭的POP廣告（寫著商品名稱、價格、標語等的廣告媒介）；提供樣品給伴手禮店店員，請他們幫忙宣傳；還有在店內擺放試用品（保養品類很常見）等等。

其中，看起來效果最好的方法，是在雜誌上刊登報導，因為這是對全國讀者介紹商品的機會。但前提是這項商品必須要有值得介紹、刊登的新聞性，並且也須事先發給雜誌社或報社新聞稿。當然，要在全國性雜誌或報紙上刊登沒有那麼簡單，有些文章雖然名義上是報導，卻得付費才能刊登，必須好好分辨。

無論如何，各位如果想要銷售商品或服務，就需要找出適合的宣傳方式，讓顧客知道這項商品或服務的存在。

▼熟練地使用大眾媒體

能夠一次對許多人傳播宣傳的媒體即稱為大眾媒體，種類包括電視、報紙、雜誌、廣播、網路廣告等等。

除了上述列舉的媒體之外，還有區域限定

的夾報傳單、投到郵筒中的傳單、街頭發送的傳單、根據通訊錄寄送的 DM 等等，種類五花八門。最近網路廣告顯著成長，已經超越電台的廣播廣告。而大眾媒體雖然可以一次對許多人宣傳，但宣傳之後的成果難以捉摸，是一種不容易掌握廣告效果的管道。

至於在店面直接對顧客宣傳的方法，則有 POP 廣告或促銷活動等，這些方法可以吸引顧客親自體驗，因此較能確保廣告效果的傳達。

圖5-05 各式各樣的宣傳方式

種類	特徵	缺點
電視	●覆蓋範圍廣 ●社會的信賴度高 ●能夠結合聲音和影像	●成本高 ●單方面傳播 ●傳達的訊息有限
報紙	●社會的信賴度高 ●能夠接觸到穩定的讀者群 ●可針對單一地區	●刊登費用高 ●會被埋沒在大量資訊中 ●訂報人數有減少的傾向
雜誌	●可針對性別、年齡層、興趣差異做出訴求 ●保存性高 ●讀者對刊登的廣告關心度高 ●有興趣的讀者會仔細閱讀	●讀者群有限 ●刊登時間有限
夾報廣告	●迅速見效、具有地域性、持續性 ●業主編輯的自由度高 ●可挑選刊登時機 ●可根據預算限定數量與地區	●可能埋沒在其他夾報廣告中，閱讀率低 ●單方面傳播
網路	●接觸時間長 ●能夠更新、迅速見效、具有持續性 ●能夠掌握受眾反應，進行溝通	●必須先讓顧客搜尋到 ●需要花功夫維護
促銷	●可直接訴諸顧客 ●活動期間可提升銷售數量 ●可選擇地區與店舖	●效果容易變成暫時性 ●不容易培養長久的顧客群

05 事業化的方法與步驟

▼事業化的四個步驟

建立新事業時，不可能一下子就能夠讓許多顧客購買大量商品。所以，應該依照準備階段、導入期、擴大期、發展期的流程循序漸進，思考事業化的步驟。

故事中，碧接受小篠的建議，描繪出如左頁一般的事業化方法與步驟。

首先是準備階段，在這個階段中，要做的是試做商品、募集協力廠商、建立能夠生產商品的體制。

如果有需要，也必須招募人才，進行準備。我們常在路上看到「開幕人才招募中」的海報，這代表店家正處在準備階段。而製作事業計畫書的這個階段，也相當於準備階段。

接著是導入期。這時開始以當地女性，以及前來伴手禮店的觀光客為銷售對象。這個時期的重點在於盡量讓潛在的購買者看見商品，以及想辦法開發新客群、增加商品或服務的體驗者。若能藉此帶來顧客的回購與推薦，就算成功。換句話說，就是讓顧客在實體店鋪中得知這項新商品，並且實際購買、使用，親身感受商品的效果。等愈來愈多使用者回購，商品的評價就會傳開。之後若能請體驗者提供感想，經許可後刊登在網站上也是個不錯的做法。這麼一來，在網路上看到感想的人，就有可能因此成為新顧客；而使用者間的評價，也能透過實體與網路這兩個管道流傳開來。

導入期應該注意的是，要避免顧客提出抱怨與負評。萬一發生這樣的情形，請盡快妥善處理。惡意之芽，必須趁早摘除。

如果能在導入期獲得成功，接著就會進入擴大期。這時若能以導入期的正面評價與體驗心得為基礎，接受地方雜誌、女性雜誌的採訪，刊登在雜誌上，行銷的槓桿原理就會開始發揮「以小資源創造大效益」的作用，其他雜誌也會前來取材報導。這麼一來，讀者就會蜂擁至網站訂購。「瞬間爆紅」指的就是這種狀態。

最後是發展期。到了這個階段，可想而之使用者、體驗者的評價都已經流傳開來了，客群將會變得愈來愈多。

雖然事業化的方法與步驟能否順利地按照上述的過程發展又是另外一回事，但請盡自己最大的努力，描繪出擴大、發展事業的腳本流程。

圖5-06 事業化步驟的例子

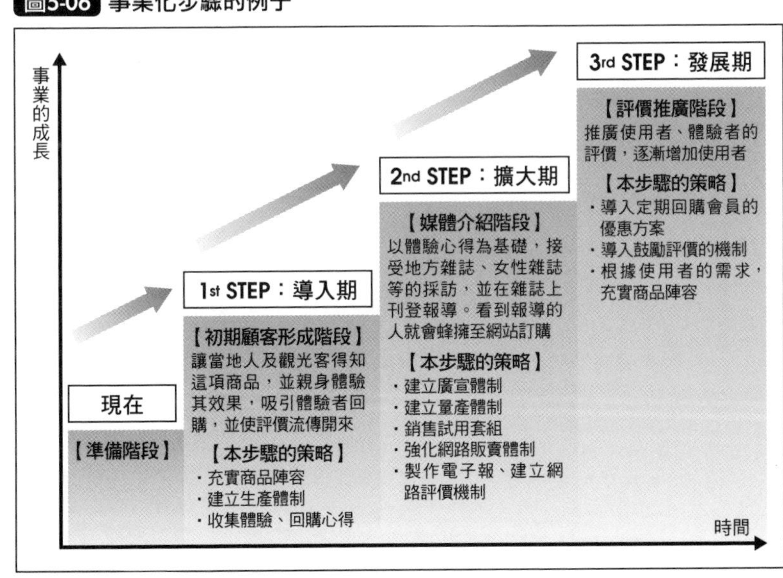

column 其他行銷上的注意事項

在此也稍微提一下其他行銷上重要的注意事項

（1）回購率

無論是什麼樣的事業，如果顧客只消費一次，事業就無法長久。必須提供顧客想要反覆購買、使用的商品與服務。

（2）顧客滿意度

顧客滿意度很重要，關係到顧客的回購率。

顧客滿意度有對商品的滿意度，也有對服務的滿意度。以販售商品的買賣事業為例，若銷售人員的服務不佳，就會讓人「不想在那間店買東西」，因此必須注意。

（3）優良顧客的好處

對自家公司來說，優良顧客的好處大致可分為兩種：

第一個好處是，這樣的顧客能夠長期幫助公司提升營收與獲利。

第二個好處是，這樣的顧客能夠成為「傳道者」。但必須注意的是，只要有一次不滿意，傳道者也有可能變成破壞者。

（4）品牌

所謂的品牌，指的不是名牌商品，而是你所提供的商品或服務自身的價值。品牌可說是與顧客之間的約定。若要讓新事業在未來能夠成為一個有口碑的品牌，最好事先好好想清楚，決定「要對顧客定下什麼樣的承諾」。

製作事業收支計畫表

STORY 6 資金不足 !!

是、是的

不，應該說我正有此意！

STORY 6
資金不足！！

喀達⋯

喀達⋯
喀達⋯

哇——啊！
還是不行，不管做幾次，都填不出來，而且為什麼電腦還偏偏在這個時候當機！
啪
啪

⋯就是這樣，所以現在完全沒進展
消沉

不過，總比過了期限才說做不出來要好吧！
嘿嘿嘿嘿嘿

唉……
消沉……
唉！
真是讓人擔憂啊
算了，沒辦法，
還是一個一個來看吧
唉
不過，
要填的數字還是
要妳自己想喔
現在就開始吧！
對不起
好的……

打開
妳試著
填填看
商品一個要
賣多少？
這個嘛……

這個嘛，
面膜5片組1500日圓，
化妝水1300日圓，
乳霜1200日圓
化妝水
1300日圓
乳霜
1200日圓
面膜
5片
1500日圓
喀達
買一套呢？

2個一組打9折，3個一組打85折

成本呢？

打算雇幾個人？

打工還是正職？

喀達

喀達

人事費要設定在多少錢？

每個賣場的銷售量呢？平日要幾個？周末呢？

我本來以為，
小篠先生
只是一個怪人…

但或許他是經歷了
許多事情
才會在這裡

填寫日期	
填寫者	

項目	事業收支計算的預設條件（委外製造方式）						
			零售價		批發價		單位：千日圓
銷貨額	單價	和紙面膜	1,500 日圓		1,125 日圓		
		化妝水	1,300 日圓		975 日圓		
		乳霜	1,200 日圓		900 日圓		
			導入→		擴大→		展開→
			第 1 年度	第 2 年度	第 3 年度	第 4 年度	第 5 年度
	零售數量	和紙面膜	200	500	1,000	3,000	5,000
		化妝水	200	250	500	1,500	2,500
		乳霜	200	250	500	1,500	2,500
		合計	600	1,000	2,000	6,000	10,000
	批發數量	和紙面膜	300	500	1,000	2,000	3,000
		化妝水	150	300	500	1,000	1,500
		乳霜	150	300	500	1,000	1,500
		合計	600	1,100	2,000	4,000	6,000
	合計銷售數量	和紙面膜	500	1,000	2,000	5,000	8,000
		化妝水	350	550	1,000	2,500	4,000
		乳霜	350	550	1,000	2,500	4,000
	總銷售數量		1,200	2,100	4,000	10,000	16,000
	銷售金額	和紙面膜	638	1,313	2,625	6,750	10,875
		化妝水	406	618	1,138	2,925	4,713
		乳霜	375	570	1,050	2,700	4,350
銷貨成本	進貨成本	和紙面膜	750 日圓				
		化妝水	650 日圓				
		乳霜	600 日圓				
	進貨金額	和紙面膜	375	750	1,500	3,750	6,000
		化妝水	228	358	650	1,625	2,600
		乳霜	210	330	600	1,500	2,400
管銷費	人事費	正職	3,000 千日圓／年				
		打工	1,536 千日圓／年				
	人員						
	正職員工數		1.5	1.5	1.5	1.5	1.5
	兼職・打工			0.0	0.0	0.0	1.0
	人事費		4,500	4,500	4,500	4,500	6,036
	辦公室租金		240	240	240	240	240
	電費・瓦斯費・水費・電話費		360	360	360	360	360
	網站維護費		240	240	240	240	240
	車輛費		360	360	360	360	360
設備投資 建築物	使用現有建築物						
設備	機器設備		採用委外製造的方式，所以沒有機器設備費				
	硬體						
			初期	第二年之後			
	軟體		500				

投資回收計算的預設條件		
投資折舊		折舊償還方式
建築物	20年	定額直線法
設備（軟體）	5年	定額直線法
借貸利率	2%	
要求報酬率（折現率）	5%	

名稱	日本酒發酵精華和紙面膜事業

事業收支計書表

（委外製造方式）

單位：千日圓

	項目		第0年度	第1年度	第2年度	第3年度	第4年度	第5年度
事業收支	銷貨收入	銷貨收入合計	0	1,419	2,500	4,813	12,375	19,938
		和紙面膜		638	1,313	2,625	6,750	10,875
		化妝水		406	618	1,138	2,925	4,713
		乳霜		375	570	1,050	2,700	4,350
	銷貨成本	銷貨成本合計	0	813	1,438	2,750	6,875	11,000
		（銷貨成本率）	0.0%	57.3%	57.5%	57.1%	55.6%	55.2%
		和紙面膜		375	750	1,500	3,750	6,000
		化妝水		228	358	650	1,625	2,600
		乳霜		210	330	600	1,500	2,400
	銷貨毛利		0	606	1,063	2,063	5,500	8,938
	管銷費	管銷費合計	0	5,800	5,800	5,800	5,800	7,336
		（管銷費率）	0.0%	408.8%	232.0%	120.5%	46.9%	36.8%
		人事費		4,500	4,500	4,500	4,500	6,036
		辦公室＆水電費		1,200	1,200	1,200	1,200	1,200
		廣告宣傳費等						
		折舊費	0	100	100	100	100	100
	營業利益		0	-5,194	-4,738	-3,738	-300	1,602
		（營業利益率）	0.0%	-366.1%	-189.5%	-77.7%	-2.4%	8.0%
	營業外收入							
	營業外支出	營業外支出合計	0	155	145	130	110	90
		利息支出		155	145	130	110	90
	淨利（※1）		0	-5,349	-4,883	-3,868	-410	1,512
		（淨利率）	0.0%	-377.0%	-195.3%	-80.4%	-3.3%	7.6%
	非常利益							
	非常損失							
	本期稅前淨利		0	-5,349	-4,883	-3,868	-410	1,512
	法人稅等（※2）		0	0	0	0	0	605
	本期稅後淨利		0	-5,349	-4,883	-3,868	-410	907
		（本期稅後淨利率）	0.0%	-377.0%	-195.3%	-80.4%	-3.3%	4.5%

※1日文「経常利益」，即繼續營業單位稅前淨利

※2相當於台灣的營利事業所得稅。

	項目		第0年度	第 1 年度	第 2 年度	第 3 年度	第 4 年度	第 5 年度
現金流量	營業活動之現金流量		0	-5,249	-4,783	-3,768	-310	1,007
	投資活動之現金流量		-500	0	0	0	0	0
		設備（與生產相關）						
		設備（與營業相關）	-500					
	自由現金流量		-500	-5,249	-4,783	-3,768	-310	1,007
	融資活動之現金流量	資本	12,000					
		借款	8,000					
		借款本利償還		-500	-500	-1,000	-1,000	-1,000
		借款餘額	8,000	7,500	7,000	6,000	5,000	4,000
		分紅						
		合計	20,000	-500	-500	-1,000	-1,000	-1,000
	淨現金流量		19,500	-5,749	-5,283	-4,768	-1,310	7
	現金餘額		19,500	13,751	8,469	3,701	2,391	2,398

	項目	第0年度	第 1 年度	第 2 年度	第 3 年度	第 4 年度	第 5 年度
折舊費	折舊費		100	100	100	100	100
	設備（與生產相關）本期折舊費用		0	0	0	0	0
	折舊費用累計額		0	0	0	0	0
	帳面價值	0	0	0	0	0	0
	設備（與營業相關）本期折舊		100	100	100	100	100
	折舊費用累計額		100	200	300	400	500
	帳面價值		400	300	200	100	0

	項目		第0年度	第 1 年度	第 2 年度	第 3 年度	第 4 年度	第 5 年度
投資回收	現值		-500	-4,999	-4,338	-3,255	-255	789
	淨現值		-12,558					
	折現率	5.0%						
	內部報酬率（IRR）		#NUM!					

顯示收益性過低，無法計算

注：有底色　區塊不需要輸入（自動計算）

白底　區塊需輸入數字或算式

但是，這麼一來營業利益率太低了！這樣的話，不管做多少都不會賺錢

事業收支								
		和紙面膜		375	50	1,500	3,750	6,000
		化妝水		228	358	650	1,625	2,600
		乳霜		210	330	600	1,500	2,400
	銷貨毛利		0	606	1,063	2,063	5,500	8,938
	管銷費	管銷費合計	0	5,800	5,800	5,800	5,800	7,336
		（管銷費率）	0.0%	408.8%	232.0%	120.5%	46.9%	36.8%
		人事費		4,500	4,500	4,500	4,500	6,036
		辦公室＆水電費		1,200	1,200	1,200	1,200	1,200
		折舊費	0	100	100	100	100	100
	營業利益		0	-5,194	-4,738	-3,738	-300	1,602
		（營業利益率）	0.0%	-366.1%	-189.5%	-77.7%	-2.4%	8.0%
	營業外支出	營業外支出合計	0	155	145	130	110	90
		利息支出		155	145	130	110	90
	淨利		0	-5,349	-4,883	-3,868	-410	1,512
		（淨利率）	0.0%	-377.0%	-195.3%	-80.4%	-3.3%	7.6%
	非常利益							
	非常損失							
	本期稅前淨利		0	-5,349	-4,883	-3,868	-410	1,512
	法人稅等		0	0	0	0	0	605
	本期稅後淨利		0	-5,349	-4,883	-3,868	-410	907
		（本期稅後淨利率）	0.0%	-377.0%	-195.3%	-80.4%	-3.3%	4.5%

	項目		第0年度	第1年度	第2年度	第3年度	第4年度	第5年度
現金流	營業活動之現金流量		0	-5,249	-4,783	-3,768	-310	1,007
	投資活動之現金流量		-500	0	0	0	0	0
		設備（與生產相關）						
		設備（與營業相關）	-500					
	自由現金流量		-500	-5,249	-4,783	-3,768	-310	1,007
	融資活動之現金流量	資本	12,000					
		借款	8,000					

哪個部份的成本還能再降低呢？

喀噠 喀噠

面膜　750日圓→450日圓
化妝水　650日圓→390日圓
乳霜　600日圓→360日圓

這邊勉強可以！

喀噠

事業收支	銷貨毛利		0	931	2,600	10,863	17,875	34,513
	管銷費	管銷費合計	0	5,800	7,336	8,872	10,408	11,944
		（管銷費率）	0.0%	408.8%	189.3%	56.1%	39.8%	23.8%
		人事費		4,500	6,036	7,572	9,108	10,644
		辦公室＆水電費		1,200	1,200	1,200	1,200	1,200
		廣告宣傳費等						
		折舊費	0	100	100	100	100	100
	營業利益		0	-4,869	-4,736	1,991	7,467	22,569
		（營業利益率）	0.0%	-343.2%	-122.2%	12.6%	28.6%	45.0%
	營業外收入							
	營業外支出	營業外支出合計	0	155	145	130	110	90
		利息支出		155	145	130	110	90
	淨利		0	-5,024	-4,881	1,861	7,357	22,479
		（淨利率）	0.0%	-354.1%	-126.0%	11.8%	28.2%	44.8%
	非常利益							
	非常損失							

虧損不會讓公司破產，
但是沒有現金，
公司一定會破產，
因為付不出錢來

1.營業活動之現金流量⇒ 透過買賣賺得的現金

2.投資活動之現金流量⇒ 投資設備或軟體等的現金

3.融資活動之現金流量⇒ 向銀行借的錢，或還給銀行的錢

現金流量通常以三分法來看，
換句話說，現金可以分成三類來理解

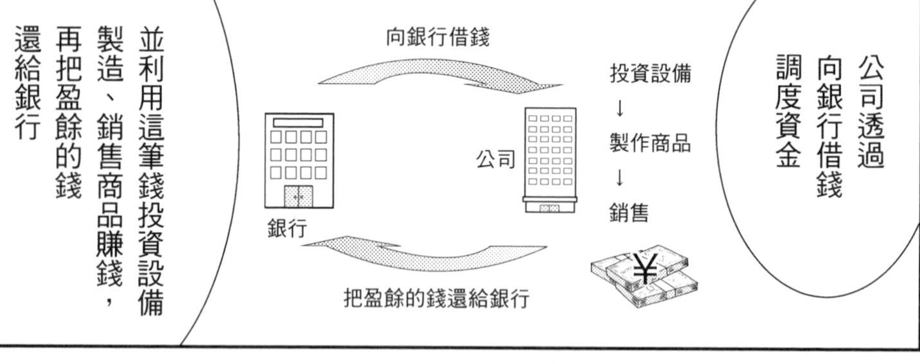

淨利	0	-5,024	-4,881	1,861	7,357	22,479
（淨利率）	0.0%	-354.1%	-126.0%	11.8%	28.2%	44.8%
非常利益						
非常損失						
本期稅前淨利	0	-5,024	-4,881	1,861	7,357	22,479
法人稅等	0	0	0	744	2,943	8,991
本期稅後淨利	0	-5,024	-4,881	1,117	4,414	13,488
（本期稅後淨利率）	0.0%	-354.1%	-126.0%	7.1%	16.9%	26.9%

	項目		第0年度	第1年度	第2年度	第3年度	第4年度	第5年度
現金流量	營業活動之現金流量		0	-4,924	-4,781	1,217	4,514	13,588
	投資活動之現金流量		-500	0	0	0	0	0
		設備（與生產相關						
		設備（與營業相關	-500					
	自由現金流量		-500	-4,924	-4,781	1,217	4,514	13,588
	融資活動之現金流量	資本	12,000					
		借款	8,000					
		借款本利償還		-500	-500	-1,000	-1,000	-1,000
		借款餘額	8,000	7,500	7,000	6,000	5,000	4,000
		分紅						
		合計	20,000	-500	-500	-1,000	-1,000	-1,000
	淨現金流量		19,500	-5,424	-5,281	217	3,514	12,588
	現金餘額		19,500	14,076	8,795	9,012	12,526	25,113

	項目	第0年度	第1年度	第2年度	第3年度	第4年度	第5年度
折舊費	折舊費		100	100	100	100	100
	設備（與生產相關）本期折舊費用		0	0	0	0	0
	折舊費用累計額		0	0	0	0	0
	帳面價值	0	0	0	0	0	0
	設備（與營業相關）本期折舊		100	100	100	100	100
	折舊費用累計額		100	200	300	400	500
	帳面價值		400	300	200	100	0

首先，
從上面這張損益表
可以計算出
營業活動的現金流量

	項目	
現金流量	營業活動之現金流量	
	投資活動之現金流量	
		設備
		設備
	自由現金流量	
	融資活動之現金流量	資
		借
		借
		借
		分
		合計
	淨現金流量	
	現金餘額	

換句話說，
只要估算出事業的收入
和支出，就能計算出
營業活動的現金流量

接下來
投資活動現金流量的部分，
先假設決定在
哪一年投資什麼、
投資多少錢，將數字
填入相應的投資年分中

嗯嗯

只要填進
右側的表格※中
就好了吧

※參考186頁

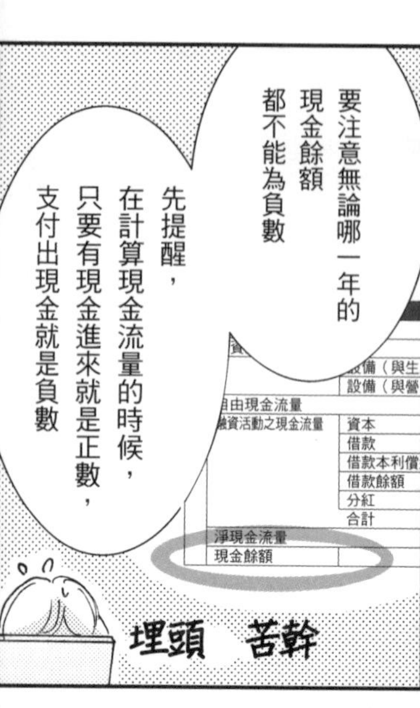

			第0年度	第1年度	第2年度	第3年度
	本期稅後淨利		0	-5,024	-4,881	1,117
		（本期稅後淨利率）	0.0%	-354.1%	-126.0%	7.1%

項目			第0年度	第1年度	第2年度	第3年度
現金流量	營業活動之現金流量		0	-4,924	-4,781	1,217
	投資活動之現金流量		-500	0	0	0
		設備（與生產相關）				
		設備（與營業相關）	-500			
	自由現金流量		[illegible]	-4,924	-4,781	1,217
	融資活動之現金流量	資本	12,000			
		借款	8,000			
		借款本利償還		-500	-500	-1,000
		借款餘額	8,000	7,500	7,000	6,000
		分紅				
		合計	20,000	-500	-500	-1,000
	淨現金流量		19,500	-5,424	-5,281	217
	現金餘額		19,500	14,076	8,795	9,012

項目		第0年度	第1年度	第2年度	第3年度
	折舊費		100	100	100
	設備（與生產相關）本期折舊費用		0	0	0

從我的存款裡面拿200萬日圓出來，應該還可以啦…
嗚嗚
存款
如果我有2000萬日圓就能在東京近郊買一戶公寓了
本來想把這筆錢當成頭期款的……

甩開
甩開

我就拿自己的存款來用！

那麼，還有1800萬日圓，妳打算怎麼辦？
唔

沉—思

跟媽媽借，或是以目前提案的成果，向銀行借款
還有…試著拜託這次合作的人幫忙！

但是妳要知道，
借錢來經營事業
如果失敗的話，
借來的錢就會變成
必須背負的債務
即使這樣也無所謂嗎？
妳有這樣的覺悟嗎？

是、
是的
不，應該說
我正有此意！

如果像目前這樣單靠釀酒，
經營只會變得愈來愈困難
只能賭一把了！
況且大家都對這個事業
興致勃勃，
這麼好的計畫，
不可能找不到人投資的！

……

這樣的話，接下來就是總驗收了！

必須把目前對新事業的規劃整理成一份事業計畫書，期限是2個禮拜

接著找大家來開說明會，如果到時候募集不到資金就必須放棄這個事業

1
首先要決定是要自家生產還是委外製造，這將大大影響成本的計算
為了決定哪個方案比較好，必須把兩種版本都做出來！
2
原來如此…委外製造不需要勞務費，所以一開始較能獲利
3
那就先從委外製造開始吧
4
咦？妳沒有輸入人事費，妳要請人製造、銷售商品，卻不打算付薪水嗎？
5
很好，人事費輸入了，接下來就要設想暢銷的狀況與銷售不如預期的狀況，這個也至少做出兩種版本
6
必須確實改變預設條件，做出兩個檔案
7
仔細看…
做得很好，這樣應該沒問題了
向大家簡報的時候，光看數字不容易懂
像這樣做成圖表以視覺化的方式說明也很重要

年度	第 1 年度	第 2 年度	第 3 年度	第 4 年度	第 5 年度
銷貨收入	1,419	3,875	15,813	26,125	50,188
淨利	-5,024	-4,881	1,861	7,357	22,479
累計淨利	-5,024	-9,905	-8,044	-687	21,791

總銷售數量	1,200	3,100	12,000	20,000	38,000

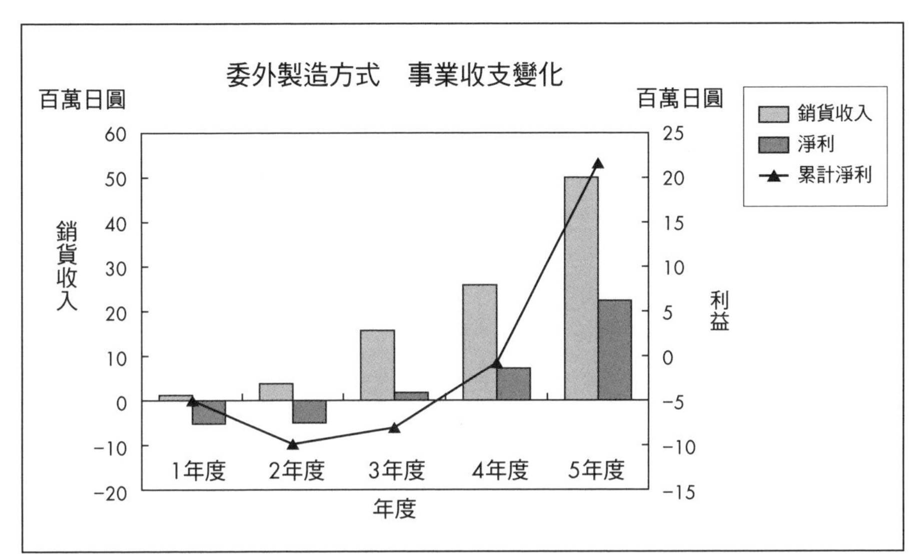

01 讓收支內容一目了然

不擅長的人，也和我一起從基礎一點一點學起來！

▼觀察金錢的「出」與「入」

首先，所謂的事業收支，指的就是金錢出入。「收」就是金錢的收入，「支」就是金錢的支出。兩者相減剩下的金額，就是賺到的錢。

故事中，金錢的收入會在銷售商品時以貨款的方式流入。如果是直接銷售商品給顧客，貨款就是顧客購買商品時支付的金額；若是批發給店家，就是店家進貨時匯款來的金額。除此之外，沒有其他收入來源。那麼，金錢的支出有那些呢？首先，購買原料時必須支付對方的貨款；雇用員工時，必須支付員工每個月的薪水。除此之外還有電費、瓦斯費、水費、汽油費等各種經費。接著，把每個月的「收入」與「支出」做一個結算，再將兩者相減的結果累積起來，即可得知獲利狀況。在事業剛起步的情況下，必須準備一定程度的本金存在銀行的固定帳戶裡。之後每個月的金錢出入，都透過這個帳戶。

▼擬定一個能賺錢的計畫

如果每個月的「收入」大於「支出」，就能累積賺到的錢，事業也能順利進行；但反過來看，若每月的「支出」大於「收入」，銀行帳戶中的錢就會愈來愈少，直到資金見底。這麼一來，公司就會破產。說起來就是這麼簡單，收支與公司的存亡也只不過就這麼一回事。所以，為了能夠逐漸累積金錢，必須事先擬定金錢方面的計畫，這就是事業收支計畫。

02 必要的費用是那些？

▼深入「收入」與「支出」的內容

首先來看「收入」，也就是銷貨收入。計算銷貨收入的方式，基本上就是單價×數量，也就是一個商品或是一項服務收取的費用，乘上賣出的數量。因此即便決定了單價，也必須先預估每個通路每月可能賣出的數量、或想要賣出的數量，並以此為基礎進行計算。如果有折扣促銷，也必須預估折扣商品賣出的比例，並乘上折扣後的金額。

事業剛起步時知名度低，銷售數量或許不多，但隨著新顧客與回頭客增加，可以期待銷售數量將逐年成長。因此，每年都要重新估算。

接著是「支出」的費用，這部分大致上可分為銷貨成本與管理銷售費（簡稱管銷費或營運成本）。

銷貨成本指的是製造銷售用的商品與買進原料所需的費用。以面膜為例，需要的花費包括使用的和紙、酒精精華、包裝紙等等，就稱為銷貨成本。銷貨成本有三種，分別是①原料費、②勞務費、③經費。換句話說，銷貨成本＝原料費＋勞務費＋經費。

①原料費

購買製造商品時所需的原料與材料的花費。故事中，日本酒發酵精華與面膜用的和紙、製作乳霜的基本材料、包裝成品用的包裝材料等的花費，就屬於原料費。

②勞務費

給付直接從事製造工作的員工的人事費。故事中，如果產品由自家公司製造，那麼付給員工的薪資、加班費、社會保險費等都屬於勞務費。

③經費

購買機械使用時所需的經費（會以下一節將介紹的折舊方式做計算）。包括工廠的電費、瓦斯費、水費等等。

故事中出現了「委外製造」這個名詞。在這個情況下，銷貨成本就是買入委託廠商所製造商品的費用，也就是類似進貨的概念，因此就不需要計算個別的原料費、勞務費與經費。

銷貨收入減去銷貨成本就是銷貨毛利，可用來觀察大致的獲利狀況。

接著是管理銷售費（簡稱管銷費）。可分為隨著銷售商品而產生的費用，與一般的管理費兩種。與銷售相關的費用包括廣告宣傳費、營業車輛費、營業所費用、物流費與其他費用。至於一般管理費則包括總公司與事務所費用、營業場所水電費、通信費（注：如電話電信費、郵資等）、營業人員薪水與其他費用。故事中，店面的店員薪水雖然也是人事費，但卻不屬於銷貨成本，而是歸類為管理銷售費。營業車輛送貨到零售店時耗費的油錢、以及營業車輛的其他花費，也算在這裡面。

毛利減去管理銷售費就是營業利益。可用來觀察本業的獲利狀況。如果事業想要獲利，首先就必須讓營業利益有盈餘。

至於營業外支出，則是借款的利息支出等等。營業外收入則是相反，是指將多餘的錢貸出所獲得的利息。營業利益加上營業外損益

（※1），就是淨利（※2）。而淨利再加上非常損益（※3），就是本期稅前淨利。最後，本期稅前淨利再扣掉稅金，就是手邊留下的獲利（本期稅後淨利）。

像這樣算出五種利益（①毛利、②營業利益、③繼續營業單位稅前淨利、④本期稅前淨利、⑤本期稅後淨利），是為了讓各位知道各種利益的差別。

圖6-01 銷貨收入與利益

項目	金額
銷貨收入	100
銷貨成本（成本）	70
銷貨毛利（銷貨收入－銷貨成本）	30
管理銷售費	25
營業利益（銷貨毛利－管理銷售費）	5
營業外損益	−2
淨利（營業利益－營業外損益）	3
非常損益	−1
本期稅前淨利（淨利－非常損益）	2

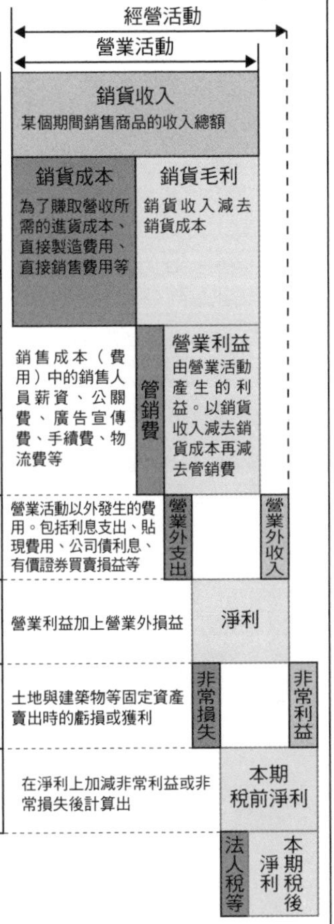

經營活動
營業活動
銷貨收入：某個期間銷售商品的收入總額
銷貨成本：為了賺取營收所需的進貨成本、直接製造費用、直接銷售費用等
銷貨毛利：銷貨收入減去銷貨成本
管銷費：銷售成本（費用）中的銷售人員薪資、公關費、廣告宣傳費、手續費、物流費等
營業利益：由營業活動產生的利益。以銷貨收入減去銷貨成本再減去管銷費
營業外支出／營業外收入：營業活動以外發生的費用。包括利息支出、貼現費用、公司債利息、有價證券買賣損益等
淨利：營業利益加上營業外損益
非常損失／非常利益：土地與建築物等固定資產賣出時的虧損或獲利
本期稅前淨利：在淨利上加減非常利益或非常損失後計算出
法人稅等
本期稅後淨利

※1.營業外損益：指長期性投資的損益，像是買賣金融商品的支出和收入、借款利息支出、存款利息收入、匯兌損／益、權益認列損失等等。
※2.日文為「経常利益」，即繼續營業單位稅前淨利。
※3.非常損益：是指非定期性的損益項目，像是土地買賣損益。
每個國家編表採用的準則各異，在台灣，根據2013年後所採用的「國際會計準則」（IFRS），並沒有「非常收益」這個概念，以土地買賣來說會計入「業外收益」項目中，與日本不同。

03 計算折舊費用

費用中，有一個項目稱為「折舊費用」，在計算利益時會用到，因此請各位趁這個機會學起來。

▼什麼是折舊費用

所謂的折舊費用，是指在事業當中「針對經過多年使用後，生產價值將逐漸減少的物品，運用折舊計算的方式，將最初投資金額分攤到使用年限中」，計入每一年裡的費用。

舉例來說，假設公司購買機器使用，購買時的價格（稱為取得價格、或資產原始成本）是100萬日圓，使用年限（耐用年限）是5年。「耐用年限」是會計上的專有名詞，指的是將機器的使用年限設定為5年。但實際上，使用年限超過5年也無所謂，只是在計算費用時，會將其分成5年分來計算。我在這裡為了簡化說明，使用的是定額直線法（每年分攤的費用相同）。這麼一來，購買機器的花費雖然是100萬日圓，但基於企業的會計規則，這100萬日圓由5年的使用年限來分攤，100萬日圓除以5年等於20萬日圓，所以就是每年分攤花費20萬日圓的費用。這20萬日圓就稱為折舊費用。企業已經拿出100萬日圓的資金了，但會計上卻視為分5年、每年支出20萬日圓。這是為什麼呢？因為，儘管花了100萬日圓購買，但機器是可以使用5年的物品，因此不應將其視為單為某一時間效益的花費，而是要想成可在多個年度區間中產生效益的費用。折舊費用的計算除了直線折舊法之外，還有定率遞減法。許多企業也常會選擇提高初期的折舊費用，以減少稅前淨利來避稅。

所謂的定率遞減法，舉例來說，假設某一設備每年的價值會是前一年的五成，那麼第一年認列的折舊費用雖然是購入價格的50％，但到了第二年就變成購入價格的50％再50％，也就是25％、第三年變成大約12．5％依此類推，認列的折舊費用就像這樣逐年減少。每年減少的比率相同，因此稱為定率遞減法。折舊期限則因物品而異，譬如建築物，耐用年限大約是30年或50年；至於土地則不會折舊。

折舊費用有兩種，一種會被歸入銷貨成本；另一種則會被歸入管理銷售費用。工廠使用的機器設備屬於銷貨成本的範疇，經營管理人員所使用的電腦或軟體則屬於管理銷售費用。

另外如同先前提到的，購買機器的100萬日圓，明明在購買時以現金方式支付了，折舊費用卻分成五年、以每年20萬日圓的分攤方式來計算。因此現金的計算（記載於現金流量）與利益的計算（記載於收支計畫），二者的結果會有所差異。

圖6-02 折舊計算的原理

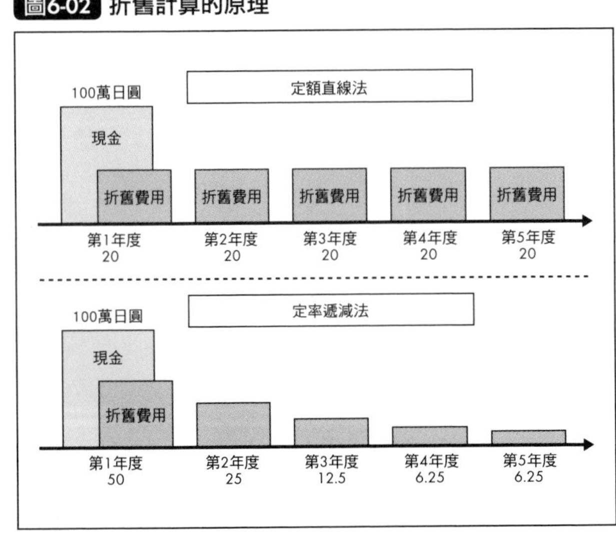

04 試算多久可以回本

▼固定成本與變動成本

雖然任何事業的銷貨收入都是從零開始慢慢成長，但就算在事業開展初期，也會有一些費用支出，像是雇用員工的薪水。而這類的費用支出就稱為固定成本。另一方面，有一些成本是隨著銷貨收入的增加而增加，所以又稱為變動成本。原料費等就是很好的例子。製造多少商品就需要多少原料，而購買原料就會產生相應費用。我們在計算銷貨收入的時候是以商品或服務的單價×數量。而計算成本時，則會分成上述的兩種類型來理解，一種是固定支出，譬如人事費或辦公室的租金費用；另一種則是賣多少花多少，譬如原物料。兩種加在一起，就是成本的總額。

當商品大量銷售出去使銷貨收入增加，有一天銷貨收入的金額就會超過成本的總額。銷貨收入與成本總額的交叉點稱為損益平衡點，代表事業回收成本、開始賺錢。掌握自己事業的損益平衡點是一件重要的事。一旦啟動事業，就必須盡快超越損益平衡點。

損益平衡點可以透過營收與銷售數量來掌握。請各位使用後面將會介紹的事業計畫模擬軟體，試著找出損益平衡點。

圖6-03 損益平衡點

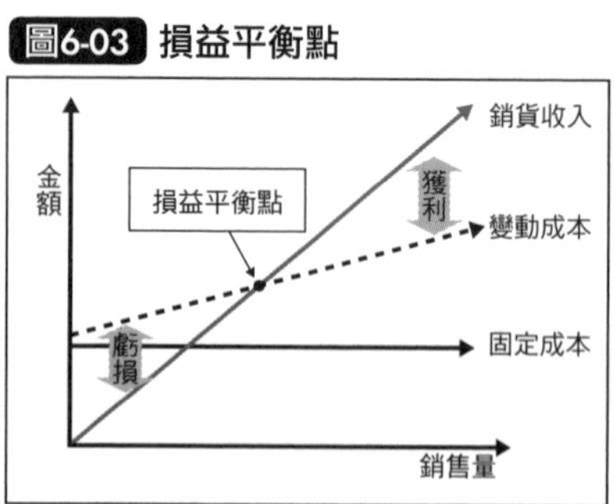

05 事業收支計畫表的構成要素

▼事業收支計畫表所需的三個要素

①損益

如同第201頁所示，藉由觀察銷貨收入與成本的關係，判斷是否能夠獲利。所謂的損益，指的就是虧損、獲利。

②現金流量

現金流量指的是現金（cash）的流入和流出（flow）。公司即便虧損也不會立即破產，但沒有現金就一定會破產，因為公司即使還沒收到貨款也必須支付各種費用。由此可知，以現金流量的方式掌握公司的現金收支非常重要。如同前面已經說明過的，計算利益時有些具長期使用效益的物品，會採用折舊的方式分成數個年度攤列費用，因此，計算出的利益與用現金流量方式得出的結果並不會完全相同。製作事業收支計畫時，也必須將現金流量納入評估項目。

③投資回收

第三個要素是投資回收。舉例來說，購入大型機器需要花費大量的金錢。有時候甚至還必須借款才行。像這樣為生產目的投入大筆資金，就稱為投資。

投資時，必須事先預測投入的資金在多久後才能夠回收，這就稱為投資回收計算。

計算投資回收時，使用的是②現金流量。

06 資金的周轉

▼現金流量的三要素

一言以蔽之，現金流量就是「現金的流入和流出」，現金流入自己公司的計為正數、現金從自己公司流出的就計為負數。以前面提到購買機器的例子來說、就是購買機器時支出100萬日圓的現金。所謂的現金流量，就是以現金的角度計算現金的流入和流出情形。

說起來有點複雜，根據企業的會計規則，計算利益時，使用的是包含折舊費用在內的數字，如果要計算現金流量，因為在購買機器的初期就已經記錄支出現金了，所以這項折舊費用並非真的再有現金的流出，因此就必須要在營業活動的現金流量上再加計回去。現金流量可分為①營業活動之現金流量、②投資活動之現金流量、③融資活動之現金流量這三種。

營業活動之現金流量顯示的是本業的現金收入的情形，也就是經營這個事業賺到了多少現金。舉例來說，購買原料存放倉庫裡、或是先做好產品待售，用現金的角度製作現金流量表時會是，當花錢購買的原料存貨增加時，營業活動之現金流量其實是減少的。再者，如果商品雖然賣出去了，但無法收到現金貨款的比例增加的話，營業活動中的現金流量也會減少。一般來說，借款的利息支付也會計入營業活動的現金流量中。

至於投資活動之現金流量，指的是建造工

季末的現金
不能是負的

廠、購買機器設備等投資時所花費的現金。以併購等為目的，購買其他公司股票時的花費，也屬於投資現金流量。投資活動的現金流量多半是負數，但有時也會因為將手邊的股票或資產賣出，而變成正數。營業活動的現金流量加上投資活動的現金流量，稱為自由現金流量，是指公司手頭上可以自由使用的金錢。

自由現金流量是正數還是負數，將影響金融活動之現金流量的方針。換句話說，如果自由現金流量是負數，代表公司手頭現金減少、沒有可自由使用的現金，為了不讓手頭現金繼續減少，因此必須設法籌措資金。

而融資活動之現金流量，顯示的就是向金融機構借款或是還款的情形。請他人或其他公司出資，也會反映在融資活動的現金流量上。

圖6-04 現金流量計算表

現金流量計算表
①營業活動之現金流量（OCF） ●稅後淨利 ●折舊費用等
②投資活動之現金流量（ICF） ●設備投資 ●軟體投資　等
（自由現金流量（FCF）＝①＋②）
③金融活動之現金流量
現金與約當現金（※）的增減
現金與約當現金的季末餘額

※約當現金是指短期、具高度流動性的投資票據，因變現容易且交易成本低，幾乎可視為現金。通常投資日起3個月到期或清償之商業本票、貨幣市場基金及銀行承兌匯票等皆可列為約當現金。

07 投資與投資回收計算

▼投資是什麼

所謂的投資，是指初期雖然花費了相對大筆的金錢，但之後這些投入有可能回收的行為。

「相對大筆的金錢」，會隨著個人的財力與企業的規模而改變。對個人來說，超過100萬日圓可能就是相對大筆的金錢了，但對企業來說，可能是指超過1000萬日圓、1億日圓，甚至更多。

企業投資的例子，包括購買土地、建造工廠、購買工廠使用的機器設備、營業車輛、電腦、影印機、軟體等等，或是以投資為目的買入其他公司的股票。以這個故事為例，為了在自家公司生產產品而購買機械設備，或是引進網路商店用的軟體等，都屬於投資。

▼投資回收計算

決定投資時，會先計算日後是否能夠回收投資的本金，這稱為「投資回收計算」。

就像個人在買電腦或是高價物品時，不是也會思考花了這麼多錢能不能回本嗎？企業投資時也一樣。

以故事為例，碧針對自家公司生產、與委託保養品製造商生產這兩種情況，進行投資回收計算。結果發現，如果採取自家公司生產的方式，一開始購買設備等的投資金額太大，似

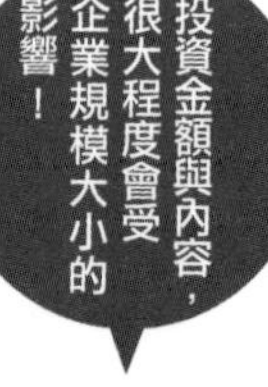

乎很難回本。因此，她得到的結論是，委託已經有設備的工廠製造，能夠較快獲利。

當然，或許有人堅持產品必須由自己公司製作生產，因此不考慮委外生產的方式。不過，碧的情況是，若只靠著原本的釀酒事業來支撐新事業，經營會很困難，所以採取能夠盡快獲利的方法較好。

像這樣，事前計算投資回收，不僅能夠決定生產方式，還包括在銷售方式上要以直接販賣為重點、還是批發販賣。因為投資回收計算可以事先知道該採取哪種作法比較有利，在決定重要事業方針時可做為參考依據。這麼一來，也能減少日後驚覺「糟糕了！」的狀況。

圖6-05 投資項目的例子

- 購買土地
- 建造、增建、改建工廠
- 購買機器設備
- 購買影印機、汽車
- 購買軟體
- 以投資為目的購買股票
- 其他

08 將時間價值也考慮進去的投資回收計算

▼金錢的價值會隨著時間而改變？！

如果要再討論得更專業一點，計算投資回收時，也必須將金錢的時間價值納入考量。舉例來說，今年將１００萬日圓存入銀行，明年的存款就會變得比１００萬日圓再多一點。金錢的價值就像這樣，會隨著時間而改變。在計算投資回收時納入這個概念，就是考量到時間價值的投資回收計算。

由於投資回收計算是只針對時間價值的部分進行折現計算，因此要設定折現率。設定了折現率，就能將未來的現金流量以複利折算成現值。換句話說，時間過得愈久，折算愈多，屆時換算成的現值就愈少。

折現率的其中一個背景概念稱為「資金成本」，也就是利息或分配給股東的股利。想要更加了解資本成本概念的讀者，請參閱專門書籍。

折現率的設定依公司而異，因此各位製作的若是提出給公司的事業計畫書，就要使用公司指定的折現率，其範圍通常在5％～20％左右。而使用折現率算出的指標，有淨現值（ＮＰＶ：Net Present Value）及內部報酬率（ＩＲＲ：Internal Rate of Return）等等。

各位下載使用的Excel表格中，已經設定了能夠進行這些計算的算式。個人事業等如果不需要這個部分，就不必使用計算出來的數字。

如果是對公司提出的事業計畫書、或是需要計算出這些數值給創投公司等投資者的人，則可參考計算結果。

判讀這些數字的簡單方法是，假設折現率的設定是正確的，那麼淨現值（NPV）若為正數，就代表投資能夠回收；若為負數，則代表投資無法回收。再者，內部報酬率（IRR）若出現大於折現率（要求報酬率，見第213頁）的數值，也代表投資能夠回收；若出現小於折現率（要求報酬率）的數值，則代表投資無法回收。如果顯示無法計算，就表示該投資的獲利性太差。

圖6-06 投資回收計算的範例

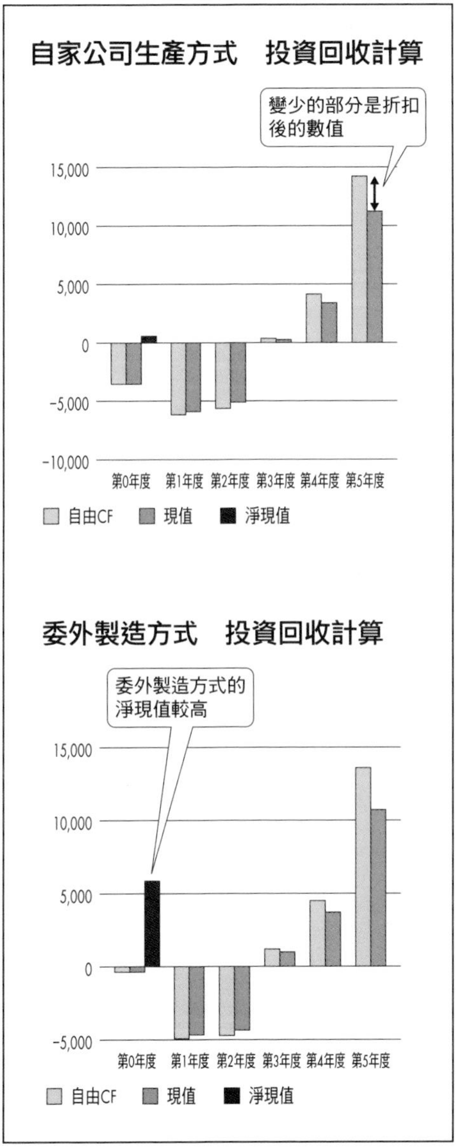

自家公司生產方式　投資回收計算

變少的部分是折扣後的數值

15,000
10,000
5,000
0
-5,000
-10,000
第0年度 第1年度 第2年度 第3年度 第4年度 第5年度
自由CF　現值　淨現值

委外製造方式　投資回收計算

委外製造方式的淨現值較高

15,000
10,000
5,000
0
-5,000
第0年度 第1年度 第2年度 第3年度 第4年度 第5年度
自由CF　現值　淨現值

09 製作事業收支計畫表①使用方式

▼下載格式

本章到此為止，說明的是製作事業收支計畫的三要素——損益、現金流量與投資回收的基礎知識。

如果想確認這三個要素，可在 Microsoft Excel 軟體中輸入算式和數學公式製作成事業收支計畫。連到第2頁刊登的網址或 QR Code，就能下載設定好製作事業計畫書所需的 Excel 檔案。檔案中已經輸入好基本算式，下載後，只要根據個別事業的條件，輸入算式與數值即可。

接下來說明檔案的使用方式。

首先，確認並輸入①投資回收計算的預設條件，接著輸入②銷貨收入、銷貨成本等事業收支計算的預設條件，最後製作成③事業收支計畫表。表格中的收支計算期間設定為五年，如果事業需要的期間更長，使用此檔案時可再擴充年數。製作完成後，請一邊確認最後結果的數字，再一邊試著改變幾個數值後再重新計算看看，像這樣子反覆地模擬試算。一直到模擬出最妥當的結果，設定為日後所依據的理想模式。

不過，這邊提供的表格，只是企畫初期階段的簡易格式，請各位在熟悉這個表格之後，能夠配合自己的事業，製作出專屬自己的詳細收支計畫表。只要製作了像這樣的事業收支計畫表，要修改都很容易。

請下載專用檔案使用

10 製作事業收支計畫表②
投資回收計算的預設條件

▼預設投資回收條件

下表是碧製作事業收支計畫書中的投資回收預設條件欄。不需要進行投資的事業，就不必輸入預設條件。向公司提出新事業的提案時，多半已經有要求的標準了，請事先確認清楚（可以向經營企畫或會計等部門詢問）。

投資折舊指的是，針對折舊欄位中，需計算折舊的投資項目，確認償還折舊的年數與計算方式。

借貸利率是指向銀行等機構借款時，必須負擔的利息。利率依銀行與貸款期間而異，請向金融機構確認。

圖6-07 預設投資回收計算條件的範例

買入流程		
投資折舊		折舊償還方式
建築物	20年	定額
設備（軟體）	5年	定額
借貸利率	2%	
要求報酬率（折現率）	5%	

有些事業需要募集資本才能進行。這種情況雖然不會產生利息，但必須根據賺到的利益分紅，因此請事先向出資者詢問出資條件。若由所屬公司提供資金，有些公司會將提供的這筆錢視為貸款，有些則當成投資，這些也要事先確認清楚。

出資者提出的「要求報酬率」（Hurdle rate），相當於在投資回收的部分說明過的折現率。若模擬試算不出比這個折現率更好的數字結果，代表新事業未能達到值得投資的標準，所以也稱為門檻率。若公司有自己的規定，就使用公司規定的數字。

11 製作事業收支計畫表③

事業收支計算的預設條件

▼決定四個預設條件

事業收支計算的預設條件，大致可分為①銷貨收入相關、②銷貨成本相關、③管銷費相關、④設備投資相關等四個部分來製作。

圖6-08是碧製成事業收支計算的預設條件。故事中，有一幕是小篠與碧評估要採取自家生產的方式，還是委外製造的方式，最終選擇的是委外製造。所謂自家生產，指的是自己購買生產機器、雇用負責製造的員工，在自己公司生產。另一方面，委外製造則是，由自己公司提供日本酒發酵精華等所需原料，但將從製造到包裝等都外包給代工廠。若已有其他公司製造和自己類似的商品、或是自己的販賣數量還沒有那麼多的時候，委託代工廠製造可以壓低成本，因此是一般較常採取的方式。小篠與碧利用事業收支計畫表試算這兩種方法的成本，根據計算結果，選擇了委託附近熟悉製造流程的保養品公司製造。

①銷貨收入相關

設定每種商品的銷售價格（單價）。面膜、乳霜與化妝水分開設定。此外，在網路上販賣需要收取運費，因此也要請宅配公司估價，設定運費。

②銷貨成本相關

將與銷貨收入相關的費用依各項目分類，然後將各種銷貨收入項目相對應的成本項目列出來，以便清楚掌握兩者之間的關係。如果有進貨的話，就把進貨成本對應到銷貨收入，計算出進貨成本的比率；決定進貨成本率後，也可以使用進貨成本率來計算。此外，如果採自家公司生產的方式，則如前述，必須分別算出原料費、勞務費、經費。

③管銷費相關

管銷費包括人事費、辦公室租金、水電費、廣告宣傳費、交通費、通信費等等，請依費用項目設定基本單位與數量。所謂的基本單位，顯示的是每單位的金額，以人事費為例，就是每人每月需要支付多少薪資。

④設備投資相關

項目包括土地、建築物、機器設備、軟體等等。這也會根據事業項目與金額而異，因此請事先調查所需設備的投資金額再行設定。

故事中，將網路販賣用的軟體費用設定為50萬日圓。

圖6-08 事業收支計算預設條件的範例

銷貨收入相關

1.「日本酒發酵精華和紙面膜」面膜5片組1,500日圓
2.「日本酒發酵精華化妝水」100ml　1,300日圓
3.「日本酒發酵精華乳霜」50g　1,200日圓
4. 運費500日圓／由訂購的顧客負擔，與管銷費抵銷

銷貨成本相關

1.委託製造費
①「日本酒發酵精華和紙面膜」面膜5片組450日圓
②「日本酒發酵精華化妝水」100ml　390日圓
③「日本酒發酵精華乳霜」50g　360日圓

管理銷售費相關

- 人事費　正職員工30萬日圓／人・月
- 車輛費3萬日圓／月
- 事務所租金2萬日圓／月
- 電費、瓦斯費、水費、電話費　3萬日圓／月

投資相關

- 攪拌機、充填機、包裝機由外包公司提供
- 軟體費50萬日圓（網路商店用）

12 製作事業收支計畫表④
完成事業收支計畫表

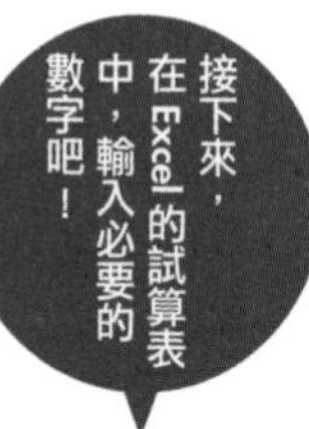

我們終於要完成製作事業收支計畫表了。請一邊參考圖6-09～13的表格，與可以透過下載取得的 Microsoft Excel 事業收支計畫表，一邊往下讀。

▼填入事業收支計畫表的右半部

首先在表格右下方的「投資回收計算的預設條件」欄位，輸入第213頁設定的條件。接著在右上方的「事業收支計算的預設條件」欄位，輸入第215頁設定的條件。輸入完畢之後，再配合這些條件，輸入各年度的販賣數量，譬如第一年幾個、第二年幾個，根據商品線分別輸入後，製成表格。這張表可依據事業內容的差異而改變，請各位逕行調整。

①銷貨收入欄

故事中的營收來源，分成直接零售與批發給商店販賣，因此請標示零售價格與批發價格。下方表格中顯示的是每種商品的銷售數量，其下方是銷售金額。銷售金額的計算方式是銷售單價×銷售數量，算式已經輸入了，只要填入數字，就會自動算出各年度的銷售金額。

②銷貨成本欄

故事中已經決定採取委外製造的方式，因此銷貨成本欄位中輸入的都是進貨成本。而進貨成本單價乘上銷貨收入欄位中設定的銷售數量，就能算出進貨金額。算式也已經輸入，第

圖6-09 事業收支計畫表的右半部（事業收支計算的預設條件與投資回收計算的預設條件）

項目	事業收支計算的預設條件（委外製造方式）						
			零售價		批發價		單位：千日圓
銷貨額	單價	和紙面膜	1,500 日圓		1,125 日圓		
		化妝水	1,300 日圓		975 日圓		
		乳霜	1,200 日圓		900 日圓		
			導入→		擴大→		展開→
			第 1 年度	第 2 年度	第 3 年度	第 4 年度	第 5 年度
	零售數量	和紙面膜	200	1,000	5,000	8,000	16,000
		化妝水	200	500	2,500	4,000	8,000
		乳霜	200	500	2,500	4,000	8,000
		合計	600	2,000	10,000	16,000	32,000
	批發數量	和紙面膜	300	500	1,000	2,000	3,000
		化妝水	150	300	500	1,000	1,500
		乳霜	150	300	500	1,000	1,500
		合計	600	1,100	2,000	4,000	6,000
	合計銷售數量	和紙面膜	500	1,500	6,000	10,000	19,000
		化妝水	350	800	3,000	5,000	9,500
		乳霜	350	800	3,000	5,000	9,500
	總銷售數量		1,200	3,100	12,000	20,000	38,000
	銷售金額	和紙面膜	638	2,063	8,625	14,250	27,375
		化妝水	406	943	3,738	6,175	11,863
		乳霜	375	870	3,450	5,700	10,950
銷貨成本	進貨成本	和紙面膜	450 日圓				
		化妝水	390 日圓				
		乳霜	360 日圓				
	進貨金額	和紙面膜	225	675	2,700	4,500	8,550
		化妝水	137	312	1,170	1,950	3,705
		乳霜	126	288	1,080	1,800	3,420
管銷費	人事費	正職	3,000 千日圓／年				
		打工	1,536 千日圓／年				
	人員						
	正職員工數		1.5	1.5	1.5	1.5	1.5
	兼職・打工			1	2	3	4
	人事費		4,500	6,036	7,572	9,108	10,644
	辦公室租金		240	240	240	240	240
	電費・瓦斯費・水費・電話費		360	360	360	360	360
	網站維護費		240	240	240	240	240
	車輛費		360	360	360	360	360
設備投資 建築物	使用現有建築物						
設備	機器設備		採用委外製造的方式，所以沒有機器設備費				
	硬體						
			初期	第二年之後			
	軟體		500				

投資回收計算的預設條件		
投資折舊		折舊償還方式
建築物	20年	定額直線法
設備（軟體）	5年	定額直線法
借貸利率	2%	
要求報酬率（折現率）	5%	

※若要下載整理出本表格的檔案，請參考第2頁。

一年至第五年的金額都能計算出來。

③管銷費

故事中，決定了若雇用一位正職員工與時薪員工一年所需的薪資，將這個數字乘上人數，就能計算出人事費。其他費用則如圖表所示。

④設備投資

輸入預定購買建築物與設備的費用，故事中的建築物直接使用現有的酒坊，因此不需要建設新建築物的費用，也不需要購買機器，只需輸入建置購物網站的費用。

如此一來，事業收支計畫表的右半部就輸入完成了。

▼填入事業收支計畫表的左半部

接著是左半部。

需要自行輸入的部分，基本上只有白底的欄位（區塊）。有底色的欄位（左頁灰色的部分）已經事先輸入算式，能夠自動計算。更精確的說，有底色的欄位最好不要亂動，以免破換算式。為了避免破壞原有格式，請先以不同檔名另存新檔後，再開始作業。

再回來看表格，橫列顯示的是期間，從第零年度開始，至第五年度為止。第零年度是準備期，所以發生的費用通常只有投資（建築、設備、軟體等等）。經費的部分請不要輸入。

a.事業收支

下載使用的Excel表已經設定了參考算式，只要輸入右半部商品A、B、C的單價與每年的銷售數量等必要項目，左半部表格的空白欄位就會自動出現數字。如果有人想要自己重新製作右半部的表格，也可以修改算式，讓左側

圖6-10 事業收支計畫表的範例（事業收支）

單位：千日圓

項目			第0年度	第1年度	第2年度	第3年度	第4年度	第5年度
事業收支	銷貨收入	銷貨收入合計	0	1,419	3,875	15,813	26,125	50,188
		和紙面膜		638	2,063	8,625	14,250	27,375
		化妝水		406	943	3,738	6,175	11,863
		乳霜		375	870	3,450	5,700	10,950
	銷貨成本	銷貨成本合計	0	488	1,275	4,950	8,250	15,675
		（銷貨成本率）	0.0%	34.4%	32.9%	31.3%	31.6%	31.2%
		和紙面膜		225	675	2,700	4,500	8,550
		化妝水		137	312	1,170	1,950	3,705
		乳霜		126	288	1,080	1,800	3,420
	銷貨毛利		0	931	2,600	10,863	17,875	34,513
	管銷費	管銷費合計	0	5,800	7,336	8,872	10,408	11,944
		（管銷費率）	0.0%	408.8%	189.3%	56.1%	39.8%	23.8%
		人事費		4,500	6,036	7,572	9,108	10,644
		辦公室＆水電費		1,200	1,200	1,200	1,200	1,200
		廣告宣傳費等						
		折舊費	0	100	100	100	100	100
	營業利益		0	-4,869	-4,736	1,991	7,467	22,569
		（營業利益率）	0.0%	-343.2%	-122.2%	12.6%	28.6%	45.0%
	營業外收入							
	營業外支出	營業外支出合計	0	155	145	130	110	90
		利息支出		155	145	130	110	90
	淨利		0	-5,024	-4,881	1,861	7,357	22,479
		（淨利率）	0.0%	-354.1%	-126.0%	11.8%	28.2%	44.8%
	非常利益							
	非常損失							
	本期稅前淨利		0	-5,024	-4,881	1,861	7,357	22,479
	法人稅等		0	0	0	744	2,943	8,991
	本期稅後淨利		0	-5,024	-4,881	1,117	4,414	13,488
		（本期稅後淨利率）	0.0%	-354.1%	-126.0%	7.1%	16.9%	26.9%

※若要下載整理出本表格的檔案，請參考第2頁。

的欄位能夠參考右側數字計算出結果。只要對照的算式正確，白色的欄位就會出現金額。

左邊欄位由上而下分別是銷貨收入（依商品）、銷貨成本（依商品）、銷貨毛利、管銷費（依項目）、營業利益、營業外收入、淨利、非常損益、本期稅前淨利、法人稅（注：相當於台灣的營利事業所得稅）等、本期稅後淨利，輸入數字後就會依序計算出結果。

管銷費的欄位中有一欄是折舊費，這一欄會根據投資自動計算，因此請不要動它。

營業利益也會自動計算出來。至於營業外收入的部分，如果沒什麼營業外收入就不需要輸入。而利息的部份，會根據借貸金額自動計算，繼續營業單位稅前淨利也會自動計算。非常損益，先不輸入也無所謂（因為還會牽涉到資產減損的計算等等）。稅前淨利、法人稅、稅後淨利等也都會自動計算。虧損的情況下法人稅是零，有獲利的情況下，則設定為乘上29.97%的實效稅率（注：台灣營利事業所得稅為17%）。累計損失的部分則為了簡略化，沒有輸入算式。

b. 現金流量

接著是事業收支欄下方的現金流量。營業活動之現金流量根據稅後淨利與折舊費用等項目自動算出；至於投資活動之現金流量，則根據事業收支預設條件中設定的投資項目與投資金額，依年度手動輸入。尤其是當必須追加軟體等投資項目時，要分別依年度輸入。

至於資本額、借款的欄位，故事中除了碧拿出的頭期款之外，還有向鎮上伙伴募集的資金，所以她將合計金額輸入資本額欄位中。至於借款的欄位，輸入的則是向銀行借款的金

圖6-11 事業收支計畫表的範例（現金流量）

項目			第0年度	第1年度	第2年度	第3年度	第4年度	第5年度
現金流量	營業活動之現金流量		0	-4,924	-4,781	1,217	4,514	13,588
	投資活動之現金流量		-500	0	0	0	0	0
		設備（與生產相關）						
		設備（與營業相關）	-500					
	自由現金流量		-500	-4,924	-4,781	1,217	4,514	13,588
	融資活動之現金流量	資本	12,000					
		借款	8,000					
		借款本利償還		-500	-500	-1,000	-1,000	-1,000
		借款餘額	8,000	7,500	7,000	6,000	5,000	4,000
		分紅						
		合計	20,000	-500	-500	-1,000	-1,000	-1,000
	淨現金流量		19,500	-5,424	-5,281	217	3,514	12,588
	現金餘額		19,500	14,076	8,795	9,012	12,526	25,113

※若要下載整理出本表格的檔案，請參考第2頁。

額。即使是全額由既有公司負擔的狀況，也要以全額借款的概念，估算建立新事業需要多少資金。金額設定的重點在於，淨現金餘額欄位從第一年度到第五年度，都不能是負數。因為一個企業如果沒有現金就會破產，因此必須調整資本額與借款金額，讓淨現金流量（手頭剩下的可用資金）維持正數。借款的方式有一開始就全額借款，或是中途再增資的方式，故事中採取的是一開始就全額借款的方式。

借款來的錢，也可以進行中途還款的計算。故事中，銀行貸款的條件，就是碧必須依照契約約定的方式還款，以此訂定每年償還一定金額的計畫。因為借來的錢，總是要全額償還才行。

c. 折舊費用計算

折舊費用會根據在投資回收計算的預設條

圖6-12 事業收支計畫表的範例（折舊費）

採取自家生產方式的折舊費用計算範例

●購買機器設備的折舊費用列為與生產相關

●購買軟體的折舊費用列為與營業相關

單位：千日圓

	項目	第0年度	第1年度	第2年度	第3年度	第4年度	第5年度
折舊費	折舊費		700	700	700	700	700
	設備（與生產相關）本期折舊費用		600	600	600	600	600
	折舊費用累計額		600	1200	1800	2400	3000
	帳面價值	3000	2400	1800	1200	600	0
	設備（與營業相關）本期折舊		100	100	100	100	100
	折舊費用累計額		100	200	300	400	500
	帳面價值	500	400	300	200	100	0

件、事業收支的預設條件中所輸入的內容，以及現金流量（b）的投資項目中輸入的金額自動計算。下一頁的圖6-12，介紹了評估自家生產時，折舊費用計算的例子（第186～187頁則是委外製造的方式）。表格中可以看到，在銷貨成本的折舊費用方面，機器以300萬日圓購買，在五年當中以定額直線法折舊，相當於每年列入60萬日圓的成本支出。至於管銷的折舊費用方面，軟體以50萬日圓購買，分成五年以定額直線法折舊，每年列入管銷費的折舊費用就是10萬日圓。由於折舊每年發生，因此帳面上的價值就隨著折舊而逐漸減少，五年後兩者都減少到零。不過，日本法律規定，尚在使用中的資產，必須留下一日圓的帳面價值（注：台灣並無此規定，帳面價值可為零）。

d. 投資回收計算

折舊費用計算的下方，就是投資回收計算。不需要的人可以不理會這個欄位。碧的事業計畫書，直接使用5%的折現率，並以複利計算的方式，求出每年折現後的自由現金流量現值，並將各年份的現值合計以淨現值表示。銷貨收入較少的第一年、第二年現值是負數，但第三年開始就是正數，而這個數字自此之後也逐年成長。其下方則計算出內部報酬率（IRR），在這個例子中，除了淨現值變成正數，內部報酬率也大於折現率，因此判斷新事業有投資的價值。

圖6-13 事業收支計畫表的範例（投資回收／採取委外製造的方式）

投資回收	現值		-500	-4,689	-4,337	1,051	3,714	10,646
	淨現值		5,885					
	折現率	5.0%						
	內部報酬率（ＩＲＲ）		21.9%					

※若要下載整理出本表格的檔案，請參考第2頁。

e. 製成圖表

接著將以上的事業收支計算結果，製成年度對上銷貨收入、淨利、累計淨利的圖表。這麼一來，就能一眼看出事業從何時累積的虧損在哪一個年度能夠回收完、開始獲利。之後可將這張圖表貼在事業計畫書上使用。

從故事中的圖表可以看出，這個事業的淨利從第三年開始獲利，累計淨利從第四年開始變成正數。

圖6-14 事業收支變化圖表的製作範例（採取委外製造的方式）

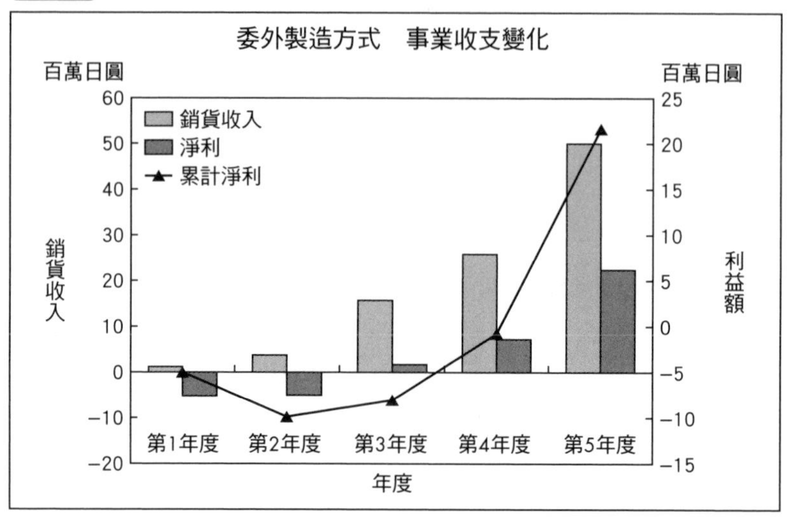

擬定行動計畫

STORY 7 真正的支持者是……

STORY 7 真正的支持者是……

偷看…

啊…

太好了，銀行的帝松先生也來了
呵
但是

小篠先生…

還沒來
姊姊，時間差不多了喔

知、知道了
喀

非常感謝
各位今日撥空前來
我是花垣碧

今天，
我想向各位報告的，
不單單只是
新商品的計畫案
騷動

我聽到的消息是
惠那酒藏
要做保養品了

這個嘛，
當然，
是要做保養品沒錯

只是我真正想做的
其實是，
開創這個小鎮的未來

這就是
試作品

喔…
已經
做好了啊

化妝水呢…

營收
計畫是…
事業収支計画 その2 製造委託方式 販売伸張ケース

計畫得
很詳細呢…
原來如此

就讓我們用這個計畫，
找回這個
小鎮的活力吧！

呼……
以上，大致說明完畢
喔。。。
在此，我有一個請求
因為成立新事業，需要資金

目前還差1000萬日圓
騷動
1、1000萬日圓!?

小碧，不好意思，雖然我從妳很小的時候就認識妳了，也覺得妳可以信任
但是，突然要我把錢交給還沒做出任何成績的妳實在是有點為難啊

安——靜

或許
就到此為止了吧

我願意出錢

鶴叔！

懷疑妳真不好意思
看著妳一路走來，
我很清楚妳的心意

鶴、
鶴叔…

我原本覺得
只有心意
成不了事，
但聽了今天的報告後，
也清楚妳的計畫了
我願意出
100萬日圓

騷動…
騷動…

喀噠…
鶴吉先生
出錢的話，
那我也…
出10萬日圓可以嗎？

我也要出錢

只要10萬的話，我也加入…
賺錢的話，就能拿回來吧？

我也加入
那我也要
我也加入
算我一份吧
我也加入
我也是

那、那麼
包含向銀行借款的800萬日圓在內，剩下的就由我們這邊評估吧

呵…

小篠先生！
怎麼啦，妳在哭嗎？

這麼一來，也必須決定好之後的運作體制才行

才不是勒
只是終於等到上場的機會，太激動罷了！

好了，沒時間磨磨蹭蹭

妳必須把大家出資的錢當成資本，成立公司，而公司的董事長，當然就是花垣碧妳了
什麼！董、董事長？

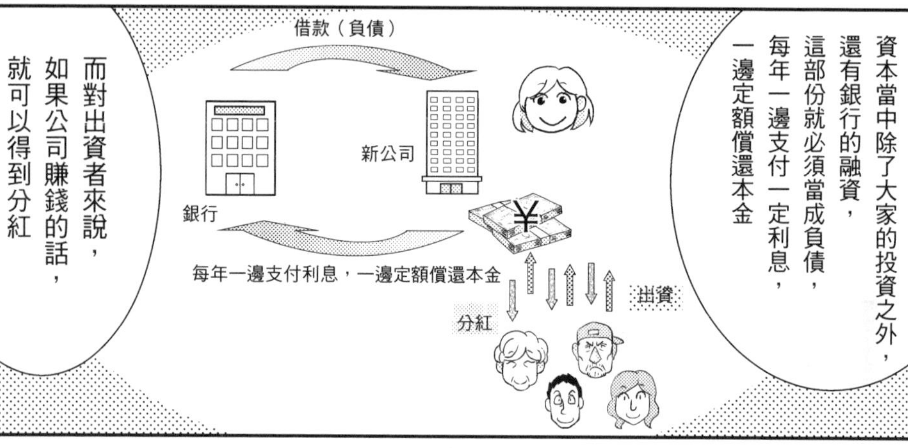

這樣的話，我也拿得到分紅嗎？

當然，不過前提是要有賺錢；公司每年也會製作財務報表讓各位股東知道公司的獲利情況

呵呵，我們是股東呢！

那麼，小碧，妳可要好好加油，給我們源源不絕的紅利吧！

哇

好！
為了不辜負
大家的期待，
我會努力的！
請大家為我加油
啪
啪
啪
啪
啪
啪
啪
謝謝你

過去那個做事靠不太住、
唯一優點
就是不服輸的大小姐，
現在完全能夠
獨當一面了呢！
這是因為碧希望
鶴吉先生能夠安心地
繼續釀造
好喝的酒啊

這麼一來，
我在這裡的工作，
也告一段落了吧

01 擬定運作體制與人員計畫

▼擬定適合發展階段的體制

所謂的建立初步體制，指的是在事業剛起步時，決定要採取什麼樣的體制與布局。方法是挑出事業剛成立時必要的任務，接著將這些任務歸納整理，並指派專人負責。

故事中，成立了一個不同於酒坊的全新公司來經營新事業，並由花垣碧就任董事長。這麼一來，即使新事業經營不順利，酒坊也不會受到波及；再者，既然募集到新的出資者、成立一個獨立於酒坊的公司，也能較清楚地計算收支。碧基於上述兩個考量，決定成立新公司。

下圖是碧描繪的新公司體制提案。碧假設新事業將如第178頁設定的階段發展，並將發展時期分成準備期、導入期與擴大期三個時期思考。

圖7-01 企業剛起步時的運作體制

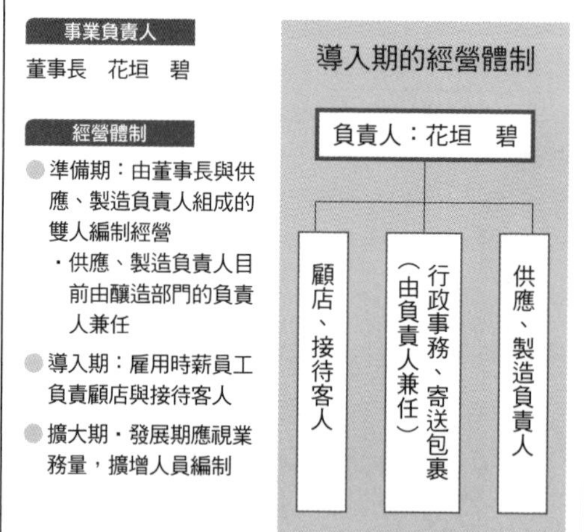

02 什麼會是潛在的風險？

▼預測風險的好處

擬定事業計畫時，通常都會假設事業能夠順利發展。事業若能如預期般進行下去當然是最理想的，但實際上，卻常會發生各種意想不到的事情。如果只設想最佳劇本，遇到突發狀況時，就可能驚慌失措、處理失當。

所以，儘管有些事情我們不希望它發生，還是必須事先設想各種可能面臨的不確定因素，而又會對事業造成什麼影響、該如何處置。這麼一來，就算事業真的發展不順，我們在感慨「唉，果然還是發生這樣的事」的同時，卻也代表我們已設想過這狀況，且因做好準備而能冷靜以對。

此外，如果事業必須仰賴借貸或他人出資，對方也會提出各式各樣的質問。他們因為接觸過各種經營者與創業者，也看過許多事業發展不如預期的例子，當然會想知道如果你的事業也發生同樣的事情時，會產生什麼樣的影響，你又會如何處理。而做好回答這些問題的準備，也是預測風險的目的之一。

▼篩選出風險的技巧

篩選風險時，首先從自己設想得到的狀況開始。但這樣還不夠，也可以試著詢問親近的人、信得過的人：「你覺得會有哪些風險？」或許還能夠找出自己沒有料到的困難。

故事中，碧根據小篠的建議，列出如下圖般的風險與處理建議。

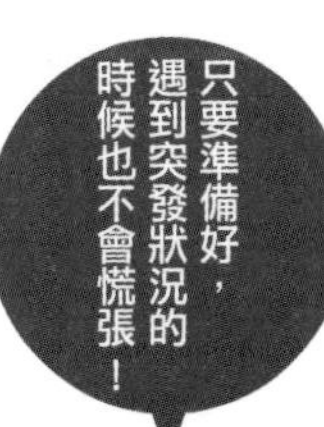

圖7-02 潛在風險與因應對策的範例

	潛在風險	因應對策
1	・顧客投訴異位性皮膚炎等的症狀惡化	・基本上由負責人出面處理，採取退錢等可以展現誠意的行動，但必須與對方交涉，避免事態演變到賠償與負擔治療費的地步
2	・無法從消費者那收回帳款	・基本上，店面以現金交易，網路商店則以信用卡或是貨到付款（手續費由顧客負擔）的方式交易，不能賒帳
3	・鋪貨商店要求回收賣剩的庫存	・雖然一開始採取寄賣方式，但若合作關係持續三個月以上，將改為採取賣斷的方式 ・拉大寄賣手續費與賣斷毛利的差距，吸引商店買斷商品
4	・購物網站的購買記錄等資料消失	・除了每月一次提出銷售報告之外，也必須將顧客資料、購買履歷備份在Excel檔案裡
5	・合作的購物網站經營不善，歇業	・盡可能選擇大型、值得信賴、能預期持續經營的公司
6	・訂購量太大，生產速度跟不上	・在雜誌刊登前預先增產，並且準備比平常更多的庫存 ・確認代工廠的產能，若這樣的狀況頻繁發生，就改為採取自家生產 （每三個月估算一次出貨量）

03 檢查事業是否順利進行

▼依照PDCA進行管理

事業計畫書不是只有在擬訂計畫時使用，就算事業已經進入準備階段或開始運作的階段，也必須隨時確認事業是否依計畫進行。這不只是為了推動計畫的自己，也是為了出資、和貸款給我們的人，因此必須報告之後的狀況。

確認事業進度稱為「進度管理」。我想，很多人應該都聽過PDCA。PDCA是四個單字的字首，P代表Plan（計畫）、D代表Do（實行）、C代表Check（確認）、A代表Action（改進行動）。製作事業計畫書只停留在P（Plan）的階段，接著還得在大家的幫助下運作（Do），而運作之後也必須確認（Check）事業是否如預期般進行。無論商品銷售狀況是超乎預期還是不如預期，是加分還是扣分，都必須確認結果，並根據這個結果檢討計畫，進行修正。

▼如何設定確認用的里程碑

如果原本的計畫不明確，之後就很難確認進度。因此為了方便確認，必須先設定好每個階段的驗證標準，而這個驗證標準就稱為里程碑。如果將事業比喻為馬拉松，就相當於設定在起跑幾分鐘後通過10公里處、幾分鐘後通過20公里處之類的目標。

掌握里程碑的方式有兩種，一種以銷貨收入或利益等的金額來表示；另一種則是根據新客戶的反應或回購率、套組購買率等指標。

由於事業收支計畫中必須寫出銷貨收入、利益等目標，因此可透過擬定事業收支計畫的方式，設定可供確認的里程碑。

另一方面，事業收支計畫中並沒有包含使用者的反應或回購率等等，因此必須再另訂目標。一開始沒有明確的根據也無所謂，就先試著自己評估，等到有實際的銷售狀況可參考時，如果發現與當初的想像不同，再重新調整。

▼剛開始有點偏離目標也無所謂

麥當勞之類的速食店，在引進新商品的時候，一定會設定目標。譬如一間店一天要賣出多少份餐點，或是點這份餐點的客人必須占所有顧客的幾成等等。他們就是透過這樣反覆的嘗試，才逐漸能夠設定出雖不中亦不遠的目標。

即使是專門從事這項工作的人，都無法設定出那麼精準的目標，何況是初次創立新事業的人。所以，剛開始稍微偏離目標也無所謂，最重要的是，先試著賣賣看，在取得實際銷售狀況後進行分析，再將分析結果反映到計畫上。這麼一來，計畫的精確度就能逐漸提升。再來只要按照計畫，以數字預測並鞭策事業的發展狀況就行了。

確認（Check）的頻率，無論是三個月一次還是半年一次都太久了，一般來說，最好能夠以一個月為單位掌握進度。因此，在事業的第一年，必須以月為單位分割計畫。

終章

整理出事業計畫書

STORY 8 新酒熟成時再相會

STORY 8
新酒熟成時再相會
惠那酒

真不愧是受到小篠先生紮實的指導呢

咦…
你認識小篠先生嗎？

這個嘛，與其說是認識，應該說我在雜誌上、書上或網路上看過他…
妳不知道嗎？
嗯，對啊
是好像有聽說過他在東京那邊做生意之類的啦…

竟然……

嗚哇……

不過，到底是什麼時候呢……
突然失蹤什麼的，
引起一陣騷動，我原本以為
他把整間公司讓給別人，
現在一定在國外過著
悠遊自在的生活，
沒想到竟然來到我們這種
鄉下地方……

人呢？？

傳説中的創業家
是什麼意思？
為什麼到現在都還瞞著我
這麼重要的事情？
花垣小姐？
狂奔
呼
呼

那個人
已經走了

鶴叔！

你認識他嗎？
大約是在
3年前吧

有個人
突然來我們酒坊
拜訪妳爸爸
他說
很喜歡我們的酒

那個時候，
他就常來找妳爸爸喝酒，
雖然來路不明，
但妳爸爸卻常開玩笑說
跟他就像是認識了很久的
老朋友一樣，意外地投緣
這麼喜歡我們的酒
不如就在這裡住下來吧！

結果，
那個人還真的
搬來住了

後來，妳爸爸
發生了那樣的事
他知道酒坊可能
經營不下去，
第一個跑來關心

因為知道回到這裡的
是大小姐妳

原來是這樣啊…

沮喪

他大概是覺得已經完成了一項任務了吧
就像來的時候突然出現，走的時候也突然消失

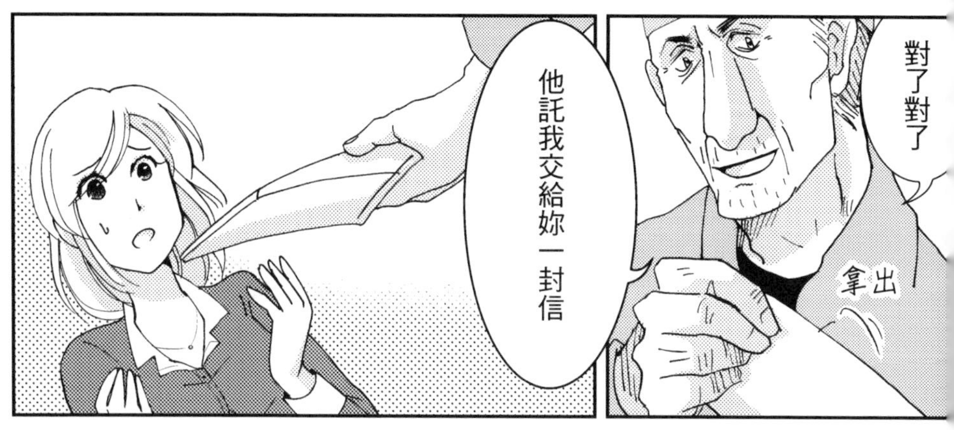
對了對了
拿出
他託我交給妳一封信

前略
我想，妳讀到這封信的時候，我已經離開了。

瞞著妳真不好意思。
我之所以會接下教妳的工作，原本只是覺得
再也喝不到自己最喜歡的酒實在太痛苦了。老實說，
那時候還想如果真的教不會的話，大不了直接放手不管。
雖然一開始，
妳是不太好教，

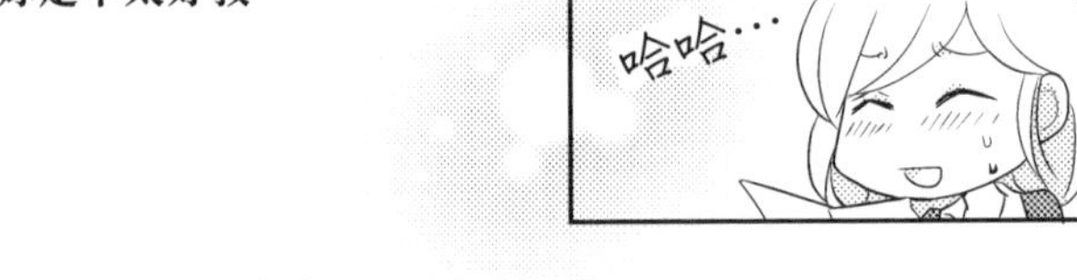

不過看到妳雖然粗心，卻不放棄，
不，應該說是頑強的樣子，我也開始認真起來。
雖然可能嚴格了點，但是妳做得很好。
我或許只是為妳原本就具備的才華澆點水，
幫助妳綻放出花朵罷了。
然而，接下來就要看妳的真本事了。
我期待將來有一天回來的時候，看到妳新事業開花結果的樣子。
祝妳成功。

他也不等我好好道謝再走…
妳真的這麼想嗎？
我要將這項商品、這塊土地的美好推廣到全國，
這麼一來，他也一定會看到的
最好的報恩方式不是用說的吧？
也對
是啊，那個人是個酒鬼，等到新酒熟成的時候，說不定又會突然回來呢

01 整理的訣竅與要點

▼必須製作挑不出毛病的簡報資料

製作事業計畫書，不僅僅是為了整理自己的想法，也是為了方便向長期提供金錢、原料、商品交易等各方面協助的合作夥伴，說明我們的事業計畫，尋求他們的認同。而這種時候，必須將資料整理在一份事業計畫書中進行說明。

在人前說明事業計畫書（報告），稱為事業計畫簡報。當我們進行事業計畫簡報時，台下的聽眾會抱著像看電影或聽音樂會相同的心情。音樂家如果想在演奏結束後獲得聽眾的掌聲，演奏途中就不允許出錯或失誤。報告事業計畫時也一樣，如果希望聽眾在簡報結束後對你說「這個事業計畫真不錯，請務必讓我加入」，就不可缺少完美的簡報資料。接下來，就將為各位解說製作簡報資料與準備簡報時必須留意的重點。

▼（1）套用版型

報告事業計畫時，會使用簡報軟體，一般使用的是 Microsoft 的 PowerPoint。接下來在說明時，將會假設各位的電腦中都已經安裝了這套軟體。沒有安裝 PowerPoint 的讀者，請自行取得軟體；如果打算使用 Word 等其他軟體代替，也請自行謄寫內容。

這是最後修飾的階段！

圖8-01 通用版型的內容（節錄）

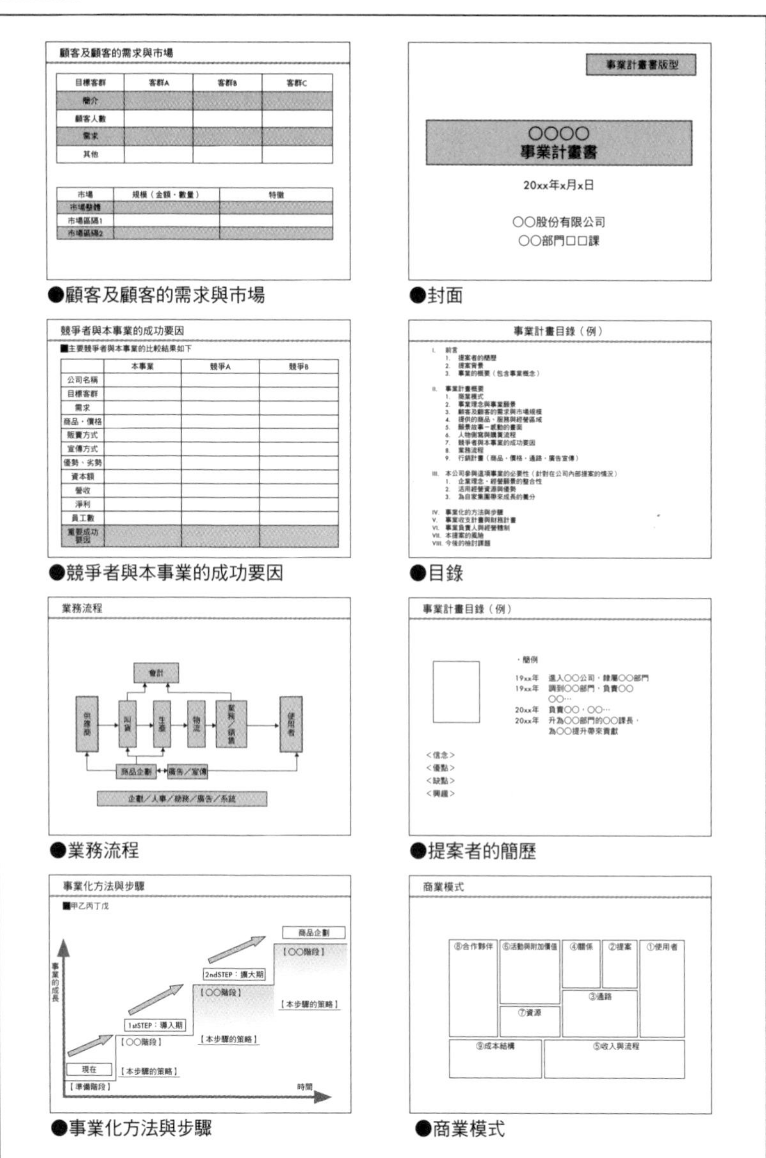

●顧客及顧客的需求與市場
●封面
●競爭者與本事業的成功要因
●目錄
●業務流程
●提案者的簡歷
●事業化方法與步驟
●商業模式

※若要下載此範例的完整檔案，請參考第2頁。

本書的讀者，可以從網站上下載 PowerPoint 用的範例檔案做為版型。提供下載的版型，由製作各階段計畫書所需的頁面，與通用的格式（表格等）組成。

▼（2）建議使用自訂佈景主題

只要填滿下載的版型中的空白處，事業計畫書所需的要素就大致完備了。只不過，本書為了讓所有事業都能使用，製作的是通用版型，所以不怎麼美觀。既然都要報告了，也請在視覺方面下點工夫！

改善視覺效果的方式，大致來說有兩種。一種是「使用設計佈景主題」，另一種是「編輯自訂佈景主題」。

使用「設計佈景主題」的方式較容易。PowerPoint 這個軟體中有「佈景主題」的功能，並列出一些樣式供使用者挑選，這些樣式的封面與內頁風格都有整合起來，如果有喜歡的樣式，只要點選即可。然而軟體提供的樣式有限，不一定符合自己事業的氛圍或品味。

如果找不到喜歡的樣式，第二個選擇就是上網搜尋佈景主題。只要以「PowerPoint 佈景主題」當關鍵字，就能找到各種免費、或要收費的樣式。若有喜歡的，選哪一個來用都可以。

另一個方法則是「自訂佈景主題」。

使用設計佈景主題雖然簡單，但就筆者至今為止的經驗而言，很難找到完全適合自己事業品味的佈景主題。所以，雖然自訂佈景主題較費工夫，但筆者還是建議採取這種方式。

PowerPoint 當中，有「母片」的功能，只要編輯母片，就能製作出專屬自己的佈景主題。母片大致來說分為兩種，一種是使用在內頁的

「一般母片」，另一種則是使用在封面的「標題母片」（名稱可能會隨著軟體的版本而改變）。

母片可以設定背景顏色、改變字體大小、插入照片或插圖、加上頁碼等等。詳細的功能與使用方式，請參閱軟體使用說明。

碧雖然第一次製作投影片，但也試著挑戰了自製佈景主題。因為她想要展現出地區酒坊的氣氛，以及保養品的印象。

圖8-01 基本的設計（上），與使用自訂佈景主題的範例（下）

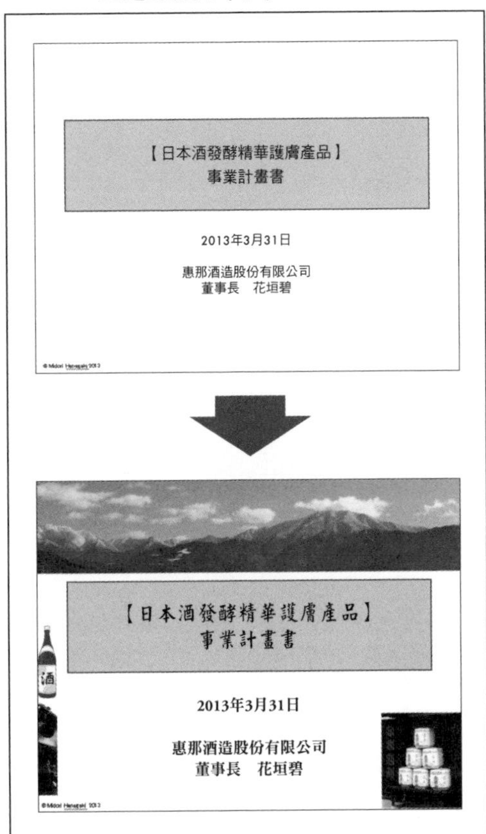

▼（3）頁面編排

依照版型製作的事業計畫書，約有20至30頁，為了方便閱讀，各頁面可根據左列原則編排。

各頁面大致來說，可分成三個區塊。

①「頁面標題」區塊

②「訊息」區塊

③「圖表與說明文」區塊

雖然並非所有頁面都由這三個區塊組成，但在此將其當成標準排版來說明。

「頁面標題」中，輸入的是呈現頁面內容的題目，因此須注意不可寫得太長。「訊息」區塊，則是將這個頁面想要傳達的事項，用簡單的幾句話表現出來。字型大小盡量控制在16以上，這麼一來，在大型會場簡報時，坐在後面的人才能看得清楚文字。有些人會在投影片上輸入許多密密麻麻的小字，像這樣把自己的想法都寫出來雖然方便整理，但卻不適合用來對別人說明。在製作初期，可以暫時在投影片上輸入詳細內文，但之後請重新閱讀，整理成精簡的句子。

「圖表與說明文」的區塊，則是將訊息區塊中傳達的事項，以圖片、表格、圖解、表列式文字、插圖等形式表現出來。表現時也請留意到，人的視線會由左而右、由上而下的移動，因此排版時要配合視線移動的方向。舉例來說，歷史年表的排列順序，就是由左而右吧？這是因為，在人類的認知中，時間軸就是由左（過去）向右（現在、未來）移動，如果移動方向相反，就會難以閱讀。而如果聽眾的思緒在途中卡住，將無法好好跟上報告的內容。所以投影片的內容，請配合眼神自然移動

圖8-03 簡報頁面的區塊配置

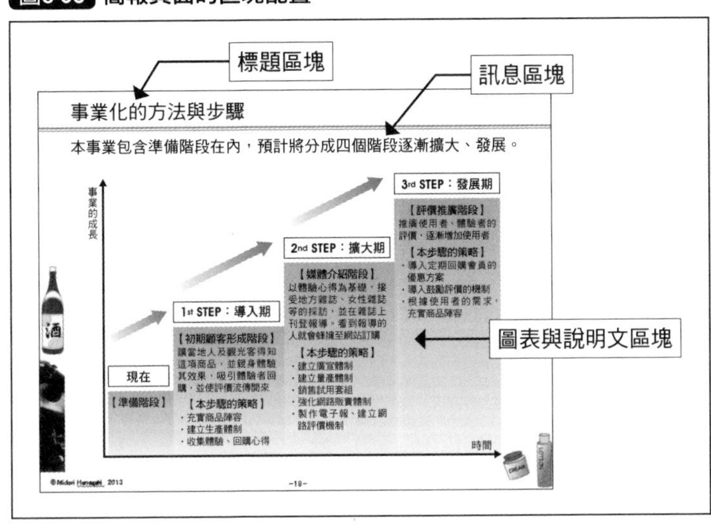

的方向編排。

▼（4）加入視覺要素的方法

簡報資料，是讓人「看」的資料而不是讓人「讀」的資料。如果以「閱讀」為前提製作，字太多就會變得像文章一樣，「不仔細讀就難以理解」。但人們若不是看到特別有興趣的內容，其實是不會深入閱讀的。所以，必須要製作能讓對方一邊「看」，我們一邊說明的資料。而為了吸引聽眾目光，資料中就需要搭配視覺要素（圖片）。

投影片的視覺要素分成四種，分別是①照片、②美工圖案、③圖表、④概念圖。

①照片可以使用場所、建築物、人物商品或物品的照片。取得照片的方式，可透過網路搜尋免費的圖片內容，也可自行拍攝。但在使用時，必須充分注意著作權與肖像權。

②美工圖案則是以漫畫風格描繪的人物、物品與場面。Microsoft 在網路上提供各種類型的美工圖案。如果圖片符合你想報告的內容主旨，也能有不錯的效果，因此可以試著使用。但是，要注意過度使用可能會產生反效果。

③圖表也是視覺要素之一。表現方式五花八門，包括表格、圖片、圖解等等。表格分成直行橫列，可將內容依要素分門別類進行整理。如果想要展現趨勢，可以使用折線圖；想要展現較詳細的項目，可使用圓餅圖。使用表格時，先在 Excel 中製作，再複製貼到投影片上較為方便。

④概念圖這幾個字或許難以理解。舉例來說，畫出一個由左向右指的箭頭，就是將「變化」的概念，以圖示的方式表現。

使用圖表展現概念，就稱為概念圖。

PowerPoint 中有「SmartArt」的功能，可以從中選擇各種可直接套用的概念圖，接著再輸入文字即可完成製作，非常方便。

圖8-04 概念圖的例子

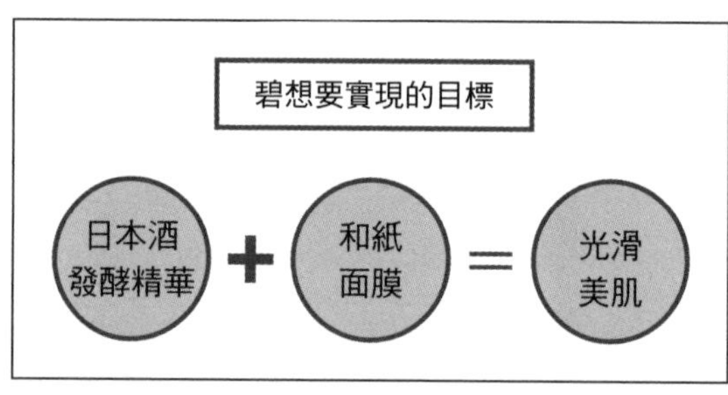

02 重新檢視整體結構

首先試著對身邊的人說明

在使用 PowerPoint 製作事業計畫書、使用 Excel 製作事業收支計畫之後，必須重新檢查整體架構。事業計畫書的大致章節編排，可以沿用下載下來（參考第2頁）的 PowerPoint 檔案版型中的目錄，但必須根據事業的內容，變更商品與服務的順序，或是追加其他資料。

這種時候，首先我會建議各位試著拿製作完成的資料向身邊的人說明，因為這麼做可以測試自己有沒有辦法使用自己製作的事業計畫書，好好地完成一場有故事性的簡報，並藉此發現自己無法確實說明的部分，或是找出本來沒有準備、在報告後卻覺得有必要進一步說明的部分等等。找出這些部分之後，即可變更資料順序、追加資料、或是補充內容。如此一來，就能逐漸完成一份自己可以懷著自信說明的事業計畫書。

各位必須避免只是把資料做完，就突然上台簡報的狀況。因為這麼做的話，經常會發生講者在實際說明之後，才發現資料脈絡跟自己腦中想像的狀況不同，很容易失敗。

改進資料時必須做好版本管理

練習說明事業計畫之後，可能會想要把事業計畫書的內容編排得更具說服力、讓商品看起來更有魅力。這種時候，最好在檔名中標示

日期與版本，這稱為版本管理。因為如果每次都覆蓋掉上一個版本，那麼在修改掉計畫書的內容之後，自己也無法藉由回溯之前的內容，來了解新的版本修改了哪些部分、又是如何修改的。

再者，還可以反覆地將事業計畫說給自己聽，逐漸用身體記住簡報時的感覺、節奏。這麼一來，慢慢地就能在沒有資料的情況下，也有辦法說明事業計畫。到了這個程度，可說是對於事業計畫的說明已經相當熟練了，看在聽眾眼中，也會覺得很可靠。

我想，碧在向鎮上的人們說明時，也已經在小篠的鍛鍊下，熟練地掌握了說明的訣竅。如果碧能夠在下次見到小篠時，向他報告事業順利發展的好消息，那就太好了。因為沒有什麼比這個更能回報小篠的恩情吧！

圖8-05 透過反覆修正，精煉內容

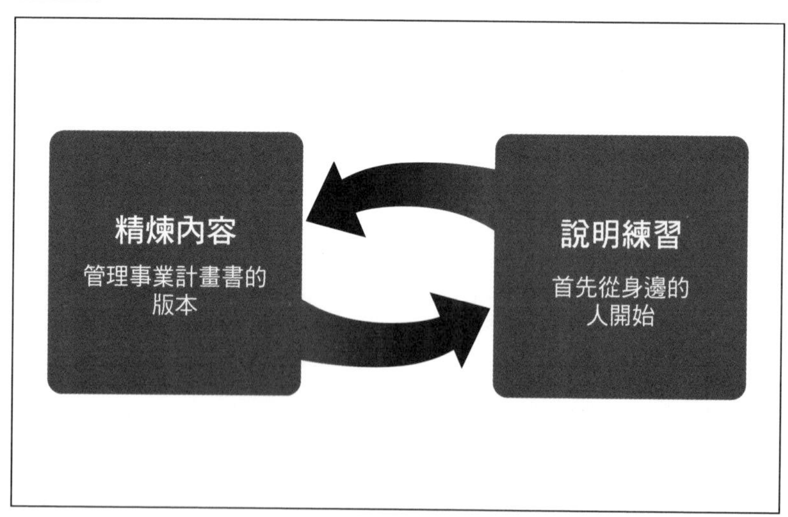

事業計畫書範本

「日本酒發酵精華護膚產品」事業計畫書

Free Download

本章附上碧在故事的最後進行簡報時使用的事業計畫書。這份計畫書的外觀只是通用版型，請參考內容即可。
如同終章中介紹的，先確立內容之後，也做過視覺上的修飾再上台報告。

封面

「日本酒發酵精華護膚產品」
事業計畫書

20○○年3月31日

惠那酒造股份有限公司
董事長　花垣碧

1

事業計畫目錄

I. 前言
  1. 提案者的簡歷
  2. 提案背景
  3. 事業的概要（包含事業概念）

II. 事業計畫概要
  1. 商業模式
  2. 事業理念與事業願景
  3. 顧客及顧客的需求與市場規模
  4. 提供的商品、服務與經營區域
  5. 願景故事－感動的畫面
  6. 人物側寫與購買流程
  7. 競爭者與本事業的成功要因
  8. 業務流程
  9. 行銷計畫（商品・價格・通路・廣告宣傳）

III. 本公司參與這項事業的必要性（針對在公司內部提案的情況）
  1. 企業理念・經營願景的整合性
  2. 活用經營資源與優勢
  3. 為自家集團帶來成長的養分

IV. 事業化的方法與步驟
V. 事業收支計畫與財務計畫
VI. 事業負責人與經營體制
VII. 本提案的風險
VIII. 今後的檢討課題

－1－

提案者簡例　花垣碧

2

・簡例

2004年3　橋大學經營學院畢業
2004年4　進入東京食品股份有限公司
　　　　　在千葉工廠總務課負責勞務
2007年　　在調味料事業部行銷部
　　　　　擔任宣傳
2011年　　因生涯規劃而離職

<信念>嚴以律己，寬以待人
<優點>鍥而不捨，努力不懈
<缺點>有時過於固執
<興趣>旅行、到處吃美食、鋼琴

提案背景

3

- 使用源於日本傳統的自然素材，帶給女性元氣
  - 現代社會壓力大，不少敏感肌的女性都有肌膚的問題
  - 使用在傳統酒坊取得的「日本酒發酵精華」，幫助各位女性保養肌膚
- 找回沒落小鎮的活力
  - 使用當地產的原料，開發出新商品與新服務，為我們這高齡少子化的小鎮，找回失落的活力
- 想要讓老家的酒坊繼續發展下去
  - 老家從江戶時代延續至今的酒坊，因為父親驟逝而失去繼承人，我想繼承父親的遺志，保護酒坊的傳統

事業的概要

4

- 事業概念
  - 帶來光滑美肌，富含日本酒發酵精華的和紙面膜
- 說明
  - 大家從以前就常說，酒坊老闆娘的皮膚特別好、釀酒師傅的手光滑細緻。而近年來的研究成果顯示，這是因為日本酒中所含的胺基酸成分發揮功效。
  - 在我小的時候，附近的孩子也一直稱讚我「皮膚好光滑啊」，但去了都市之後，光滑的肌膚就消失了，這是我第一次體認到日本酒精華的功效。
  - 我的老家是酒坊，從江戶時代就致力於釀造當地人喜愛的清酒，但很可惜的是父親驟逝，家裡的孩子又都是女兒，因此酒坊也失去了繼承人。
  - 身為長女的我，雖然對釀酒一竅不通，但在從以前就幫我家釀酒的師傅協助下，勉強能試著將這座傳統的酒坊延續下去。
  - 我雖然身為女性，但已經下定決心要繼承這座酒坊。
  - 而我想好好利用身為女性的優勢，運用日本酒的傑出功效，為社會上的女性帶來貢獻，因此開發了富含「日本酒發酵精華」的面膜。
  - 日本酒精華滲入當地產的和紙當中，是美肌效果非常好的產品。
  - 我想為充滿壓力的現代社會女性的肌膚帶來活力。
  - 我抱著這樣的想法，著手將構想商品化、事業化。

－4－

「日本酒發酵精華和紙面膜」的商業模式

5

■ 使用和紙，吸飽釀酒製程中產生的「日本酒發酵精華」，製成美肌面膜。以此做為本地特產，透過當地商店街、伴手禮店與網路商店，賣給有敏感肌困擾的女性

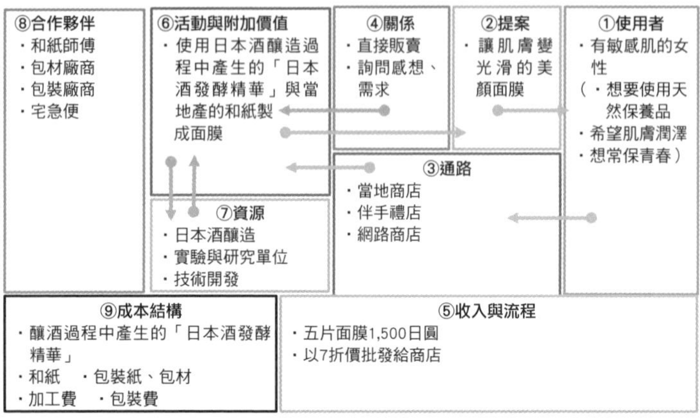

－5－

事業理念與事業願景

6

■ 事業理念

- 奉獻於人類的美容與健康
  - ・永保年輕與健康，是所有女性的願望
  - ・現在已經知道我們家代代相傳、古法釀造的日本酒，具有滋潤肌膚的效果
  - ・我希望這些酒不僅能夠品嘗，也能對各位的美容與健康有所貢獻
  - ・現代人的壽命延長，我希望能夠幫助大家常保青春

■ 事業願景

- 活用傳統素材的優點，奉獻於美容與健康，以領導地域活化為目標
  - ・我希望活用從江戶時代就延續至今的傳統日本酒素材，製造能夠獲得當地人長期喜愛的產品；同時透過事業的多角化經營，多少對當地市鎮的活化帶來幫助

－6－

7

顧客及顧客的需求與市場規模

目標客群	客群A	顧客B	客群C
簡介	當地女性	有敏感肌的女性（廣義）	重度敏感肌（狹義）
顧客人數	1,000人	約600萬人	約60萬人
需求	簡單就能保養肌膚	使用天然原料的保養品滋潤肌膚，避免肌膚乾裂	從重度的肌膚乾裂中解放
其他	首先請當地女性使用，讓她們實際感受商品的優點，以此為基礎拓展客群		

市場	規模（金額・數量）	特徵
整個國內市場	600億日圓	
市場區隔1	約100億日圓	狹義的敏感肌（異位性皮膚炎等）
市場區隔2	約500億日圓	廣義的敏感肌（容易肌膚乾裂等）

8

計畫提供的商品與服務

項目	商品・服務1	商品・服務2	商品・服務3
事業概念	帶來光滑美肌的日本酒發酵精華和紙面膜		
提供的商品・服務（內容與暫定價格）	「日本酒發酵精華和紙面膜」 5片裝1,500日圓	「日本酒發酵精華化妝水」 100ml 1,300日圓	「日本酒發酵精華乳霜」 50g 1,200日圓
提供形態	盒裝	瓶裝	罐裝
特徵	日本酒釀造過程中產生富含胺基酸的「日本酒發酵精華」，並以當地產和紙製成面膜，吸飽其精華。	使用同樣的日本酒發酵精華製成無添加化妝水。用的水是富含礦物質的泉水。	使用同樣的日本酒發酵精華製成乳霜。可用在臉部、手部等容易乾燥的部位。
提供服務的區域	全國，宅配費用為1次500日圓	同左	同左

p134-135、144-147刊登了版面較大的願景故事，請參考這些頁面。

願景故事——感動的畫面　之一　當地的女性

- 水野愛子，45歲。家裡有老公、兒子（15歲）、女兒（12歲），在當地市公所工作。
- 最近，她在本市舉辦的特產品展示會幫忙、順便參觀時，發現了少見的美容面膜與化妝水。她心想「咦，原來我們這裡有在做這個啊！」，於是好奇地拿起來看，結果發現上面寫的製造業者竟然是惠那酒坊。「哇！酒坊竟然有做保養品？」大吃一驚的她便找來負責人詢問，一名年輕女性遞給她名片，並開始為她說明「日本酒發酵面膜」與其他保養品。這名女性雖然年輕，名片上卻印著「董事長」的頭銜。她心裡一邊發出驚嘆，一邊聽這位女性介紹：「自古以來流傳著『釀酒師傅的手很細緻！』這樣一句話。事實上，日本酒當中，富含能夠保養肌膚的成分。我在酒坊出生長大，學生時代常被稱讚『皮膚很好』，但我最近發現，這其實是日本酒精華的功勞，於是將其製成商品。我自己也從一年前開始使用，直接敷在臉上的效果非常好。」這位女性似乎是繼承家業的酒坊女兒。仔細一看，她的雙頰與額頭附近的肌膚確實細緻光滑，是一位笑容很親切的女孩。
- 這麼一說，愛子最近每年一到冬天，就會出現肌膚乾燥粗糙的困擾。手腳用普通的乳霜保養還可以，臉部肌膚則因為較敏感，特地使用保養品大廠製造的乳霜，但卻還是有肌膚乾裂的問題。而「惠那酒造」是歷史悠久的酒坊，再加上能夠成為本地公所推出的特產，應該有一定的品質吧，就在她這麼想的時候，酒坊的女兒問她「要不要試用看看呢？」於是她用手指沾取少量乳霜，塗在手背上。乳霜聞起來沒有酒臭味，塗起來也沒有什麼不舒服的感覺。她看了看價錢，1200日圓與平常買的保養品差不多。剛好她現在使用的保養品也快用完了，就買了一個試試看。
- 愛子使用了一個禮拜之後，早上起床照鏡子時，發現膚況變好了，皮膚不再粗糙。她心想「難道是那個乳霜的效果？」便繼續使用下去。
- 又用了一個月左右，結果有一天讀大學的女兒對她說：「媽媽，妳最近很少抱怨皮膚不好了呢，以前明明那麼常抱怨『最近皮膚好乾』的。」她高興地回答「對啊，我開始試用這個含有日本酒精華的乳霜後，膚況就變好了呢！」女兒又問：「咦！這個裡面含有日本酒精華嗎？」
- 「這麼一說，最近妳的臉頰的確變得愈來愈光滑了，不錯嘛！但是啊，保養品雖然好，妳可要注意不要喝醉了。」「怎麼可能喝醉，又不是用喝的。」愛子笑著回答。
- 愛子在乳霜快要用完的時候與製造商聯絡，製造商告訴她當地有哪些商店販賣這項商品。她發現自己常去的保養品店也有始販賣，於是就到那裡購買。「下次也搭配乳霜試試看化妝水好了！」她開始興奮地盤算下次要買哪些商品。

12

人物側寫與購買流程

人物側寫設定

年齡	性別	地址	家庭組成	職業	年收入	興趣
45歲	女性	東京都	老公、2個孩子	家庭主婦	1,000萬日圓	旅行

購買流程	
Attention	因為年紀漸長，開始煩惱在冬天會變得乾澀的肌膚。「要不要試試這個？」這時朋友推薦日本酒發酵精華的化妝水。
Interest	「這竟然是釀酒過程中產生的東西」，在感興趣的情況下，取了一點塗在手背，回家之後覺得不錯，心想這個說不定適合自己的膚質。
Desire	在網路上搜尋之後，立刻就找到了。網站上刊登許多使用者的感想，譬如「肌膚變得光滑」、「乾澀問題解決了」等等。
Motive	試用套組只要1,000日圓，就算不合用也沒什麼損失，所以就訂了一套。
Action	現在也能以信用卡付款，而考慮到回購的方便性也登錄了姓名與地址，成為會員。

—12—

13

競爭者與本事業的成功要因

■主要競爭者與本事業的比較如下：

	本事業	競品A	競品B
公司名稱	惠那酒造	京屋　福太屋	艷糠美女JMAM化妝水　（大和盛）
目標客群	敏感肌的女性	敏感肌的女性	敏感肌的女性
需求	希望肌膚柔滑	滋潤肌膚	希望調理出水嫩、紅潤的肌膚
商品・價格	面膜5片 1,500日圓 化妝水100 ml 1,300日圓 乳霜50g 1,200日圓	商品陣容包括洗臉、美容液、化妝水等。	水潤面膜5片裝5,250日圓，價格較高以泉水與米糠製作的「艷糠美女」系列120 ml、1,575日圓，價格合理。沒有面膜
販賣方式	直接販賣、當地伴手禮店、網路商店	直接販賣、網路商店、全國酒商	直接販賣、網路商店
宣傳方式	當地商店、觀光客的口耳相傳、雜誌介紹	各種女性雜誌都有介紹	
優勢、劣勢	老舗酒坊、好水、和紙、實驗佐證	京都、從江戶時代至今的老舗酒坊「華正宗」的品牌。 試用組	新潟、「大和盛品牌」、商品陣容
資本額	1,000萬日圓	3,000萬日圓	5億5,000萬日圓
營收	約1億日圓	不明	不明
經常利益	300萬日圓	不明	不明
員工數	10名	80名	250名
重要成功要因	老舗、效果、回頭客、透過媒體推廣到全國	京都品牌、商品陣容、媒體報導	酒的知名度、回頭客

—13—

14

行銷計畫

■ 目前設定有關商品、價格、通路、宣傳等要素的主要特徵如下：

商品・服務	價格
1.「日本酒發酵面膜」面膜5片組 2.「日本酒發酵精華化妝水」100ml 3.「日本酒發酵精華乳霜」50g	1.每組1,500日圓 2. 1瓶1,300日圓 3. 1個1,200日圓 4.運費500日圓／包
通路	**宣傳**
・當地商店 ・伴手禮店 ・網路商店	・當地人及觀光客的口耳相傳、伴手禮 ・女性雜誌介紹

—14—

15

業務流程

■ 業務流程大致來說，可分成（1）從顧客下訂到出貨的流程、（2）從擬訂生產計畫到叫貨、調配、充填、包裝的生產流程、（3）聽取顧客意見改良商品、開發新商品的流程

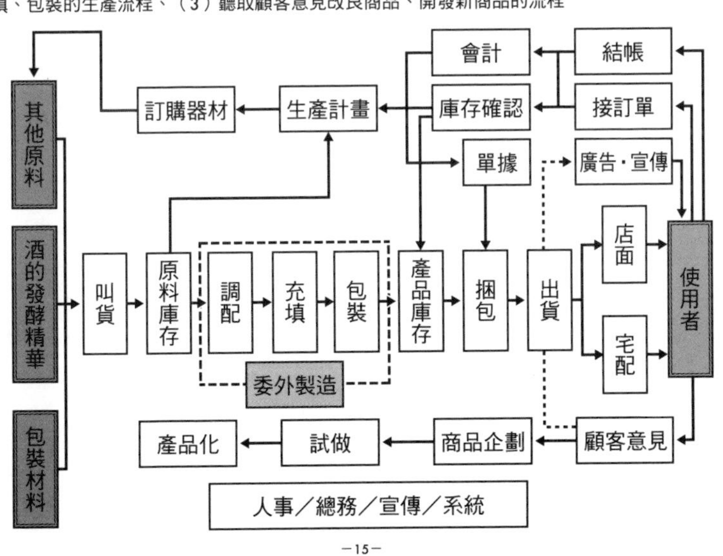

—15—

本公司參與這項事業的必要性 16

1. **企業理念・經營願景的整合性**
   - 「日本酒發酵精華和紙面膜」及其相關商品，符合本公司從江戶時代流傳至今的社訓「長久眾愛（專心致志製作能夠長期受人喜愛的商品）」

2. **活用經營資源與其優勢**
   - 這個商品以本公司釀酒過程中產生的物質為主原料，其「滋潤肌膚」的效果，已經在長久的歷史中得到驗證
   - 近年來，科學分析進步，其效果與功能，也逐漸得到科學上的證明
   - 主原料使用當地生產的水、米、麴，是當地孕育出的純正商品

3. **為自家集團帶來成長的養分**
   - 釀酒事業將繼續致力於商品開發與品質改良，以期在全國的品評會獲得獎項，而這個新商品將使全國女性知曉本公司的品牌與名稱，可望對釀酒事業帶來正面影響

—16—

競爭優勢（可活用的優勢，包含經營資源在內） 17

■ **可活用的優勢**

1. **主原料**
   - 主原料「日本酒發酵精華」，是本公司在釀酒過程中產生的純正原料
   - 本公司所釀的酒，使用當地好水與契作農家栽培的稻米，是100%當地產品
   - 此外，其「滋潤肌膚」的效果，已從至今使用過的顧客體驗中獲得實證

2. **品牌**
   - 江戶時代流傳至今的日本酒品牌「惠那盛」具有知名度，也曾在全國品評會中得過數次金獎，在品酒者、酒商之間有一定的知名度。
   - 在包裝上標示「惠那盛」的日本酒發酵精華，能夠讓消費者產生信任

3. **客源**
   - 「惠那盛」的愛好者除了當地之外也遍及全國。具備一定知名度，擁有潛在顧客
   - 讓當地女性可以每天使用化妝水、乳霜保養肌膚，成為回頭客
   - 透過網路銷售留下顧客的購買履歷，並活用部落格與電子報、明信片等媒體，增加客源

—17—

18

事業化的方法與步驟

■ 本事業包含準備階段在內，預計將分成四個階段逐漸擴大、發展。

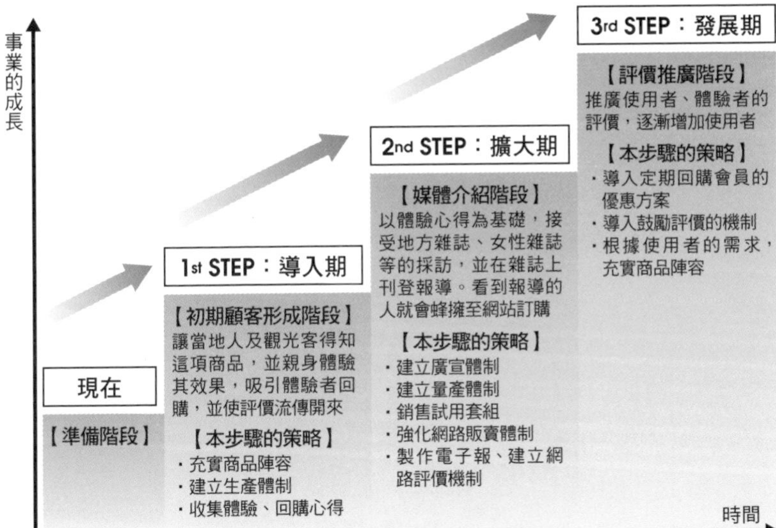

－18－

19

事業收支的預設條件1（委外製造方式）

■ **營收相關**

1. 「日本酒發酵精華和紙面膜」面膜　5片組1,500日圓
2. 「日本酒發酵精華化妝水」 100ml 1,300日圓
3. 「日本酒發酵精華乳霜」50g 1,200日圓
4. 運費　500日圓／由下訂的顧客負擔，與管銷費相抵

■ **銷貨成本相關**

1. 委託製造費
   ①「日本酒發酵精華和紙面膜」面膜　5片組450日圓
   ②「日本酒發酵精華化妝水」 100ml　390日圓
   ③「日本酒發酵精華乳霜」50g　360日圓

■ **管銷費相關**

- 人事費　正職員工　300千日圓／人・月
- 車輛費　30千日圓／月
- 事務所租金　20千日圓／月
- 電費・瓦斯費・水費・電話費　30千日圓／月

■ **投資相關**

- 攪拌機、充填機、包裝機等由外包公司提供

－19－

事業收支計畫　之1 委外製造方式　銷售不如預期的情況 20

- 初期投資額　50萬日圓（軟體）
- 營收（銷貨收入）　第1年度 100萬日圓　第5年度2,000萬日圓
- 營業利益率　第1年度　-600%　第5年度25%
- 累計損失回收　第5年度無法讓累積損失轉虧為盈
- IRR　無法計算

年度	第1年度	第2年度	第3年度	第4年度	第5年度
銷貨收入	1,019	2,500	4,813	12,375	19,938
淨利	-6,649	-5,663	-4,138	950	4,502
累積淨利	-6,649	-12,311	-16,449	-15,499	-10,997
總銷售數量	900	2,2100	4,000	10,000	16,000

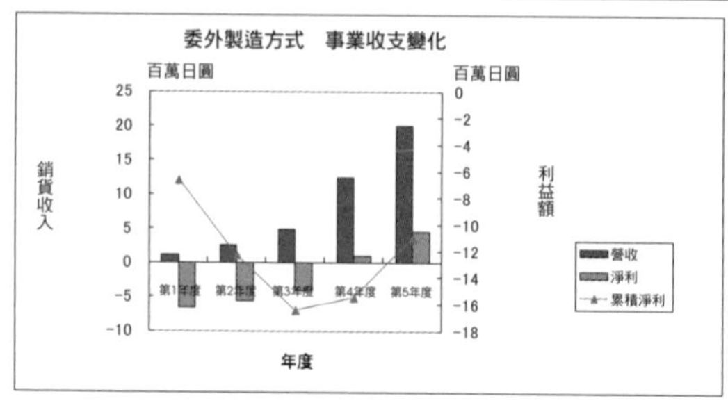

－20－

事業收支計畫　之2 委外製造方式　銷售量顯著成長的情況 21

- 初期投資額　50萬日圓（軟體）
- 營收（銷貨收入）　第1年度 100萬日圓　第5年度5,000萬日圓
- 營業利益率　第1年度　-600%　第5年度43%
- 累計損失回收　第5年度累積損失即轉虧為盈
- IRR　7.6%

年度	第1年度	第2年度	第3年度	第4年度	第5年度
銷貨收入	1,019	3,875	15,813	26,125	50,188
淨利	-6,649	-6,236	491	5,967	21,069
累積淨利	-6,649	-12,885	-12,394	-6,427	14,641
總銷售數量	900	3,100	12,000	20,000	38,000

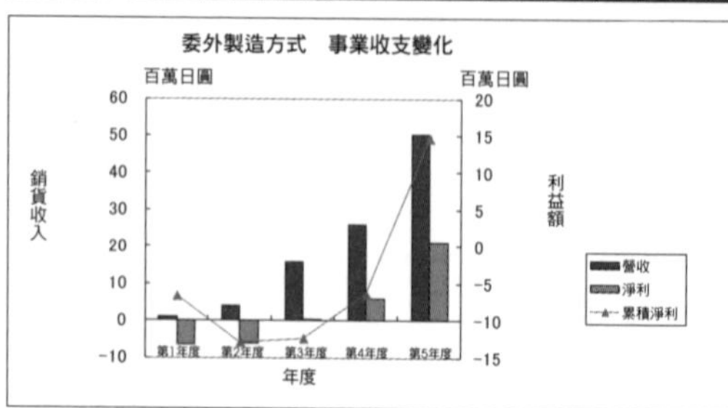

－21－

22

事業收支的預設條件2（自家公司生產方式）

■營收相關
1. 「日本酒發酵精華和紙面膜」面膜　5片組1,500日圓
2. 「日本酒發酵精華化妝水」 100ml 1,300日圓
3. 「日本酒發酵精華乳霜」50g 1,200日圓
4. 運費　500日圓／由下訂的顧客負擔，與管銷費相抵

■銷貨成本相關
1. 原料費
   ①「日本酒發酵精華和紙面膜」面膜　5片組150日圓
   ②「日本酒發酵精華化妝水」 100ml　130日圓
   ③「日本酒發酵精華乳霜」50g　120日圓
2. 勞務費
   ①正職員工　300千日圓／人・月
   ②時薪員工　800日圓／人・小時→128千日圓／人・月
3. 經費
   ①電費・瓦斯費・水費・電話費 50千日圓／月
   ②工廠　租金　40千日圓／月

■管銷費相關
- 人事費　正職員工　300千日圓／人・月
- 車輛費　30千日圓／月
- 事務所租金　20千日圓／月
- 購物網站維護費　20千日圓／月

■投資相關
- 攪拌機、充填機、包裝機各100萬日圓，共300萬日圓

－22－

23

事業收支計畫　之3 自家生產方式　銷售量顯著成長的情況

■ 初期投資額　350萬日圓（機器設備、軟體）
■ 營收（銷貨收入）　第1年度 100萬日圓　第5年度5,000萬日圓
■ 營業利益率　第1年度 -700%　第5年度43%
■ 累計損失回收　第5年度累積損失即轉虧為盈
■ IRR　-6.8%

年度	第1年度	第2年度	第3年度	第4年度	第5年度
銷貨收入	1,019	3,875	15,813	26,125	50,188
淨利	-7,874	-7,576	-1,856	4,285	21,145
累積淨利	-7,874	-15,450	-17,305	-13,020	8,124
總銷售數量	900	3,100	12,000	20,000	38,000

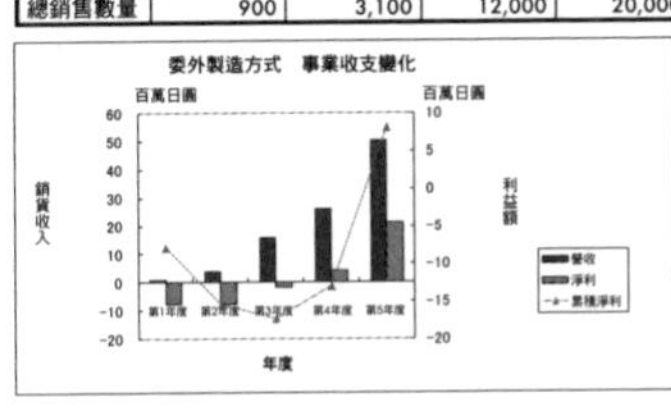

－23－

24

關於生產方式的考量

■ 以上是根據一定條件，分別針對委外生產方式與自家生產方式進行收支計算的結果
- 銷售數量少的情況下，委外生產方式較具收益性，因此剛開始希望從委外生產方式開始
- 如果銷售數量超過1萬個，則開始評估採用自家生產方式的可能性，若超過2萬個，則希望改為自家生產方式

－24－

財務計畫

25

- 目前事業收支計畫的考量基礎是，採用委外生產方式且銷售量顯著成長的情況
- 若從現金流量的角度觀察這個情況的事業收支，其結果如下表
- 本計畫在事業剛起步的第1年、第2年，營業現金流量是負數，因此事業草創時期需要一定的資金
- 此外為了避免中途資金短缺，評估草創時期所需的資金為2千萬日圓
- 釀酒事業雖然累積了一定的資本，但其中也有不少是向當地金融機構貸款，因此評估投資新事業時，需要新的資金來源
- 若行銷策略成功，銷售量順利成長，那麼從成立事業的第4年開始，即可償還1成或超過1成的貸款或分紅
- 本計畫書的意義，是希望對本事業的前瞻性有期待的各位，能夠出資或提供借貸
- 再者，本事業成功時，也可望對釀酒事業帶來正面影響，改善釀酒事業的財務狀況

項目			第0年度	第1年度	第2年度	第3年度	第4年度	第5年度
現金流量	營業活動之現金流量		0	-4,924	-4,781	1,217	4,514	13,588
	投資活動之現金流量		-500	0	0	0	0	0
		設備（與生產相關）						
		設備（與管銷相關）	-500					
	自由現金流量		-500	-4,924	-4,781	1,217	4,514	13,588
	融資活動之現金流量	資本	12,00					
		借貸	8,000					
		借貸本利償還		-500	-500	-1,000	-1,000	-1,000
		借貸餘額	8,000	7,500	7,000	6,000	5,000	4,000
		分紅						
		合計	20,000	-500	-5000	-1,000	-1,000	-1,000
	淨現金流量		19,500	-5,424	-5,281	217	3,514	12,588
	現金餘額		19,500	14,076	8,795	9,012	12,526	25,113

－25－

事業負責人與經營體制

26

事業負責人

- 董事長　花垣　碧

經營體制

- 準備期：由董事長與供應・製造負責人組成的雙人編制經營
  - ・供應、製造負責人目前由釀造部門的負責人兼任
- 導入期：雇用時薪員工負責顧店與接待客人
- 擴大期・發展期應視業務量，擴增人員編制

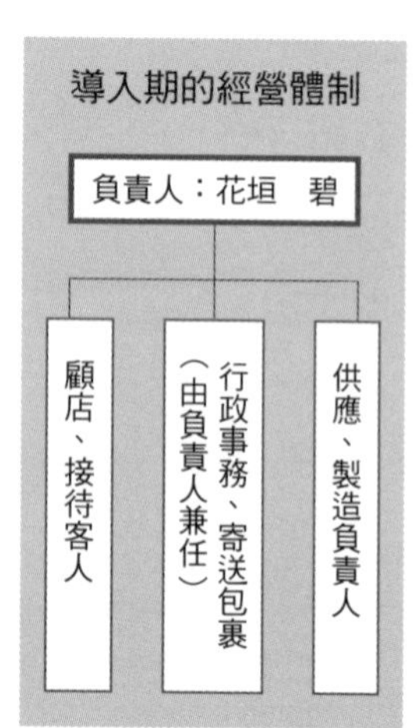

－26－

27

本提案的潛在風險與應對措施

	潛在風險	因應對策
1	・顧客投訴異位性皮膚炎等的症狀惡化	・基本上由負責人出面處理，採取退錢等可以展現誠意的行動，但必須與對方交涉，避免事態演變到賠償與負擔治療費的地步
2	・無法從消費者那收回帳款	・基本上，店面以現金交易，網路商店則以信用卡或是貨到付款（手續費由顧客負擔）的方式交易，不能賒帳
3	・鋪貨商店要求回收賣剩的庫存	・雖然一開始採取寄賣方式，但若合作關係持續三個月以上，將改為採取賣斷的方式 ・拉大寄賣手續費與賣斷毛利的差距，吸引商店買斷商品
4	・購物網站的購買記錄等資料消失	・除了每月一次提出銷售報告之外，也必須將顧客資料、購買履歷備份在Excel檔案裡
5	・合作的購物網站經營不善，歇業	・盡可能選擇大型、值得信賴、能預期持續經營的公司
6	・訂購量太大，生產速度跟不上	・在雜誌刊登前預先增產，並且準備比平常更多的庫存 ・確認代工廠的產能，若這樣的狀況頻繁發生，就改為採取自家生產 （每三個月估算一次出貨量）

—27—

28

今後的檢討課題

■今後檢討的課題如下，必須以更具體的方式解決

	項目	內容
1	銷售數量預測	雖然是參考競爭公司的銷售成績設定，但必須評估依本公司的品牌力與行銷力，是否有可能實現
2	開發批發通路	銷售初期若要批發給附近零售商，必須提高在本地的知名度，因此有必要開發批發通路
3	架設購物網站	在開始銷售的同時即推出購物網站，因此必須尋找有架設購物網站經驗的企業，委託其製作網站
4	商品間比例	目前的商品比例為面膜100：化妝水50：乳霜50，未來希望能夠根據初期試賣的結果，提升銷售數量比的精確度
5	商品的效果	必須委託當地大學、研究機構進行實驗與研究，以便主張商品的效果
6	擴大差異化	市面上漸漸開始有酒坊製作的保養品，因此必須強調本商品與這些類似商品的差異
7	鼓勵評價的機制	本商品的銷售，大幅仰賴顧客的回購與評價，為了獲得加乘效果，必須在行銷上多下工夫
8	估算成本	目前的成本並非實際估價取得的結果，而是我方推測的數字，因此須找來各合作企業詳細估價
9	評估所需人員數	目前所需人員是推測的人數，實際運作可能需要更多的人員，必須進行更接近實際運作的模擬
10	詳細列出經費項目與金額	經費項目與金額，是由釀造所的實際銷售狀況推估出來的結果，不實際操作一次的話，很難得知詳細狀況

—28—

填寫日期	2○○○年○月○日
填寫者	花垣 碧

項目｜事業收支計算的預設條件（委外製造方式）

單位：千日圓

項目	單價	零售價	批發價
銷貨額	和紙面膜	1,500 日圓	1,125 日圓
	化妝水	1,300 日圓	975 日圓
	乳霜	1,200 日圓	900 日圓

項目	細目	品項	導入→ 第 1 年度	第 2 年度	擴大→ 第 3 年度	第 4 年度	展開→ 第 5 年度
銷貨額	零售數量	和紙面膜	200	1,000	5,000	8,000	16,000
		化妝水	200	500	2,500	4,000	8,000
		乳霜	200	500	2,500	4,000	8,000
		合計	600	2,000	10,000	16,000	32,000
	批發數量	和紙面膜	300	500	1,000	2,000	3,000
		化妝水	150	300	500	1,000	1,500
		乳霜	150	300	500	1,000	1,500
		合計	600	1,100	2,000	4,000	6,000
	合計銷售數量	和紙面膜	500	1,500	6,000	10,000	19,000
		化妝水	350	800	3,000	5,000	9,500
		乳霜	350	800	3,000	5,000	9,500
	總銷售數量		1,200	3,100	12,000	20,000	38,000
	銷售金額	和紙面膜	638	2,063	8,625	14,250	27,375
		化妝水	406	943	3,738	6,175	11,863
		乳霜	375	870	3,450	5,700	10,950
銷貨成本	進貨成本	和紙面膜	450 日圓				
		化妝水	390 日圓				
		乳霜	360 日圓				
	進貨金額	和紙面膜	225	675	2,700	4,500	8,550
		化妝水	137	312	1,170	1,950	3,705
		乳霜	126	288	1,080	1,800	3,420
管銷費	人事費	正職	3,000 千日圓／年				
		打工	1,536 千日圓／年				
	人員						
	正職員工數		1.5	1.5	1.5	1.5	1.5
	兼職・打工			1.0	2.0	3.0	4.0
	人事費		4,500	6,036	7,572	9,108	10,644
	辦公室租金		240	240	240	240	240
	電費・瓦斯費・水費・電話費		360	360	360	360	360
	網站維護費		240	240	240	240	240
	車輛費		360	360	360	360	360
設備投資 建築物	使用現有建築物						
設備	機器設備		採用委外製造的方式，所以沒有機器設備費				
	硬體						
			初期	第二年之後			
	軟體		500				

投資回收計算的預設條件

		折舊償還方式
投資折舊		
建築物	20年	定額直線法
設備（軟體）	5年	定額直線法
借貸利率	2%	
要求報酬率（折現率）	5%	

名稱	日本酒發酵精華和紙面膜事業

事業收支計畫表

（委外製造方式）

單位：千日圓

	項目		第0年度	第1年度	第2年度	第3年度	第4年度	第5年度
事業收支	銷貨收入	銷貨收入合計	0	1,419	3,875	15,813	26,125	50,188
		和紙面膜		638	2,063	8,625	14,250	27,375
		化妝水		406	943	3,738	6,175	11,863
		乳霜		375	870	3,450	5,700	10,950
	銷貨成本	銷貨成本合計	0	488	1,275	4,950	8,250	15,675
		（銷貨成本率）	0.0%	34.4%	32.9%	31.3%	31.6%	31.2%
		和紙面膜		225	675	2,700	4,500	8,550
		化妝水		137	312	1,170	1,950	3,705
		乳霜		126	288	1,080	1,800	3,420
	銷貨毛利		0	931	2,600	10,863	17,875	34,513
	管銷費	管銷費合計	0	5,800	7,336	8,872	10,408	11,944
		（管銷費率）	0.0%	408.8%	189.3%	56.1%	39.8%	23.8%
		人事費		4,500	6,036	7,572	9,108	10,644
		辦公室＆水電費		1,200	1,200	1,200	1,200	1,200
		廣告宣傳費等						
		折舊費	0	100	100	100	100	100
	營業利益		0	-4,869	-4,736	1,991	7,467	22,569
		（營業利益率）	0.0%	-343.2%	-122.2%	12.6%	28.6%	45.0%
	營業外收入							
	營業外支出	營業外支出合計	0	155	145	130	110	90
		利息支出		155	145	130	110	90
	淨利		0	-5,024	-4,881	1,861	7,357	22,479
		（淨利率）	0.0%	-354.1%	-126.0%	11.8%	28.2%	44.8%
	非常利益							
	非常損失							
	本期稅前淨利		0	-5,024	-4,881	1,861	7,357	22,479
	法人稅等		0	0	0	744	2,943	8,991
	本期稅後淨利		0	-5,024	-4,881	1,117	4,414	13,488
		（本期稅後淨利率）	0.0%	-354.1%	-126.0%	7.1%	16.9%	26.9%

	項目		第0年度	第 1 年度	第 2 年度	第 3 年度	第 4 年度	第 5 年度
現金流量	營業活動之現金流量		0	-4,924	-4,781	1,217	4,514	13,588
	投資活動之現金流量		-500	0	0	0	0	0
		設備（與生產相關）						
		設備（與營業相關）	-500					
	自由現金流量		-500	-4,924	-4,781	1,217	4,514	13,588
	融資活動之現金流量	資本	12,000					
		借款	8,000					
		借款本利償還		-500	-500	-1,000	-1,000	-1,000
		借款餘額	8,000	7,500	7,000	6,000	5,000	4,000
		分紅						
		合計	20,000	-500	-500	-1,000	-1,000	-1,000
	淨現金流量		19,500	-5,424	-5,281	217	3,514	12,588
	現金餘額		19,500	14,076	8,795	9,012	12,526	25,113

	項目	第0年度	第 1 年度	第 2 年度	第 3 年度	第 4 年度	第 5 年度
折舊費	折舊費		100	100	100	100	100
	設備（與生產相關）本期折舊費用		0	0	0	0	0
	折舊費用累計額		0	0	0	0	0
	帳面價值	0	0	0	0	0	0
	設備（與營業相關）本期折舊		100	100	100	100	100
	折舊費用累計額		100	200	300	400	500
	帳面價值	500	400	300	200	100	0

	項目							
投資回收	現值		-500	-4,689	-4,337	1,051	3,714	10,646
	淨現值		5,885					
	折現率	5.0%						
	內部報酬率（IRR）		21.9%					

注：有底色　區塊不需要輸入（自動計算）

白底　區塊需輸入數字或算式

國家圖書館出版品預行編目資料

超創業計畫書 / 井口嘉則著 ; / 高飛翔畫 ; 林詠純譯 . – 修訂 1 版 .
-- 臺北市 : 易博士文化 , 城邦文化事業股份有限公司出版 : 英屬蓋曼群島商家庭傳媒股份有限公司城邦分公司發行 , 2021.02
面 ; 公分
譯自 : マンガでやさしくわかる事業計画書
ISBN 978-986-480-139-8(平裝)
1. 創業 2. 創意 3. 計畫書 4. 收支計畫表
494.1 110001464

DO4007

超創業計畫書

原著書名／マンガでやさしくわかる事業計画書
原出版社／日本能率協会マネジメントセンター
作　　者／井口嘉則
作　　畫／飛高翔
譯　　者／林詠純
責任編輯／莊弘楷、黃婉玉

業務經理／羅越華
總 編 輯／蕭麗媛
視覺總監／陳栩椿
發 行 人／何飛鵬
出　　版／易博士文化
城邦文化事業股份有限公司
台北市中山區民生東路二段 141 號 8 樓
電話：（02）2500-7008　傳真：（02）2502-7676　E-mail：ct_easybooks@hmg.com.tw
發　　行／英屬蓋曼群島商家庭傳媒股份有限公司城邦分公司
台北市中山區民生東路二段 141 號 2 樓
書虫客服服務專線：（02）2500-7718、2500-7719
服務時間：周一至周五上午 09:00-12:00；下午 13:30-17:00
24 小時傳真服務：（02）2500-1990、2500-1991
讀者服務信箱：service@readingclub.com.tw
劃撥帳號：19863813
戶名：書虫股份有限公司
香港發行所／城邦（香港）出版集團有限公司
香港灣仔駱克道 193 號東超商業中心 1 樓
電話：（852）2508-6231　傳真：（852）2578-9337　E-mail：hkcite@biznetvigator.com
馬新發行所／城邦（馬新）出版集團 [Cite（M） Sdn. Bhd.]
41, Jalan Radin Anum, Bandar Baru Sri Petaling, 57000 Kuala Lumpur, Malaysia
電話：（603）9057-8822　傳真：（603）9057-6622　E-mail：cite@cite.com.my

美術編輯／簡至成
封面構成／簡至成
製版印刷／卡樂彩色製版印刷有限公司

2017 年 2 月 07 日初版（原書名《圖解新事業計畫書》）
2021 年 2 月 18 日修訂 1 版（更定書名《超創業計畫書》）
ISBN 978-986-480-139-8

定價 420 元　HK$140

Printed in Taiwan